C语言程序设计简明教程

彭凌西 唐春明 黄铮 陈统◎编著

人民邮电出版社

北 京

图书在版编目（ＣＩＰ）数据

C语言程序设计简明教程：Qt实战 / 彭凌西等编著
. -- 北京：人民邮电出版社，2022.4
ISBN 978-7-115-58486-1

Ⅰ．①C… Ⅱ．①彭… Ⅲ．①C语言－程序设计－教材
Ⅳ．①TP312.8

中国版本图书馆CIP数据核字(2022)第002255号

内 容 提 要

本书主要介绍C语言程序设计，帮助读者掌握C语言的相关概念、基础知识和实际应用。内容讲解循序渐进，重点突出。全书内容包括计算机基础和编程环境搭建，C语言入门，流程图，顺序、分支和循环结构，函数，断点调试，数组，指针，结构体和枚举，以及文件读写。全书通过近100个编程实例，结合Qt工具，让读者在实践中掌握C语言程序设计基础，并进一步掌握计算机程序设计。

本书语言简洁，通俗易懂，不仅适合大专院校的学生使用，也适合对程序设计感兴趣的读者作为入门教程。

◆ 编　　著　彭凌西　唐春明　黄　铮　陈　统
　　责任编辑　赵祥妮
　　责任印制　陈　犇

◆ 人民邮电出版社出版发行　　北京市丰台区成寿寺路 11 号
　　邮编　100164　　电子邮件　315@ptpress.com.cn
　　网址　https://www.ptpress.com.cn
　　北京隆昌伟业印刷有限公司印刷

◆ 开本：787×1092　1/16
　　印张：10.25　　　　　　　　2022 年 4 月第 1 版
　　字数：263 千字　　　　　　　2022 年 4 月北京第 1 次印刷

定价：49.90 元

读者服务热线：(010)81055410　印装质量热线：(010)81055316
反盗版热线：(010)81055315
广告经营许可证：京东市监广登字 20170147 号

序

    国务院在 2017 年 7 月印发了《新一代人工智能发展规划》，明确提出实施全民智能教育项目，逐步推广编程教育。

    本书有机结合编者在高校和企业多年的教学和研究经验，深入浅出地讲解 C 语言的函数、数组和指针等概念，并且对流程图的绘制、Qt 编程中的断点调试、编译纠错等过程进行了详细介绍。

    相信本书会对想尽快掌握 C 语言和 Qt 编程的读者和研究人员大有裨益，对编程教育和人工智能的发展起到很大的促进作用。同时也希望有更多的读者能够通过阅读本书掌握编程技术，参与到人工智能的研究和教育工作当中，为推动我国新一代人工智能创新活动的蓬勃发展做出自己的贡献。

中国科学院院士

2021 年 12 月

前　言

"C 语言程序设计"是理工科各专业的基础课程，对理工科的学生来说，其意义在于让学生理解程序设计的思想方法，培养逻辑思维能力，学会将实际问题转化为用计算机语言描述的问题，并将该思想融入各专业后续相关的课程。

本书的主要内容包括 C 语言程序设计基础知识、顺序结构、选择结构、循环结构、数组、函数、指针、文件读写等。通过对本书的学习，读者能够在了解 C 语言的基本结构、构成成分、语法规则的基础上，掌握一般的结构化程序设计方法，掌握编写程序、调试程序的基本技能，理解程序设计的思想和方法。

本书语言通俗易懂，结合可视化跨平台编程环境 Qt 进行全面的讲解。本书具有以下几个特点。

- **通俗易懂，简明扼要**。本书包含详细的代码注释和结果分析，通俗易懂地讲解了 C 语言编程的基础知识。本书的内容历经多年教学的试用，反复修改，直到易懂易教为止，可谓"数年磨一剑"。初稿完成后还经过专家审阅，教师试用，学生编程实践操作的检验。
- **重点突出，循序渐进**。本书重点介绍 C 语言基础，并结合当前流行的开源可视化编程工具 Qt，循序渐进地对流程图、断点调试、编程规范等编程相关的重点内容详细介绍，让读者既学习了 C 语言编程，又掌握了集成编程环境。书中还介绍了编程常见的错误，以及如何进行断点调试和绘制流程图等内容。通过对本书的学习，读者既能掌握基础理论，又能提高分析和解决问题的能力。
- **实例丰富，快速上手**。本书内容经过精心编排，在 C 语言入门部分给出了 19（另有部分实例未编号）个编程实例；在顺序、分支和循环结构部分给出了 19 个编程实例；在函数部分给出了 8 个编程实例；在数组部分给出了 7 个编程实例；在指针部分给出了 25 个编程实例；在结构体和枚举部分给出了 11 个编程实例；在文件读写部分给出了 10 个编程实例，累计近 100 个编程实例。这些实例没有过度追求实用性和全面性，而是重点讲解基本原理和操作，并添加了详尽的代码注释，以便读者理解。
- **资源丰富，易学易教**。本书配有专属网站 https://stu.gzhu.edu.cn/plxC/，提供在 Qt 5.12 编程环境中编译通过的全部 C 语言示例源码，以及教学视频、课件、习题和习题解答等立体式全方位资源。

本书第 1～5 章主要由彭凌西完成，第 6 章主要由唐春明完成，第 7 章主要由黄铮完成，第 8、9 章主要由张远辉完成，第 10 章主要由唐晟凯完成，附录主要由陈统整理。

在本书编写过程中，我们得到了众多专家、教师、企业人员和学生的大力支持和帮助。邹涛、舒华、肖忠、王文龙、蔡奕忱、唐朝、林财星、杨耀权、赵超奇等领导、同事及学生对全书进行了试读和审校，并提出了许多宝贵的意见。他们认真、细致的工作态度让编者非常感动。本书还得到了数据恢复四川省重点实验室、广州大学研究生院和教务处教材出版基金的大力支持，受到国家自然科学基金项目（12171114、61772147 和 61100150）、广东省自然科学基金基础研究重大培育项目（2015A030308016）、国家密码管理局"十三五"国家密码发展基金项目（MMJJ20170117）、广州市教育局协同创新重大项目（1201610005）、密码科学技术国家重点实验室开放课题项目（MMKFKT201913）、广东省机械研究所有限公司和广州大学研究生优秀教材建设项目的资助，并得到广东轩辕网络科技股份有限公司、广州粤嵌通信科技股份有限公司、统信软件技术有限公司的竭诚帮助。

本书在编写过程中参考了网上部分资料，以及其他教材和图书，在此谨表示最诚挚的感谢！如果有错误或不适之处，编者在此表示歉意。如果有任何意见，请联系编者（彭凌西：flyingday@139.com）。

最后与读者分享编者在多年计算机教学、研究过程中的两点体会：

- 改变你的人生，从编程开始！
- 一个优秀的程序员出自勤奋，而一个**程序员最大的满足，莫过于自己的代码被他人运行或复用**。

编者

2022 年 3 月

于广州大学城

目　　录

第**1**章

计算机基础和编程环境搭建

C 语言是一种仅产生少量的机器语言且编译后可不需要任何运行环境支持便能运行的高级计算机语言。本章主要介绍计算机硬件系统的基本组成及其工作原理、计算机语言及 C 语言特性以及如何搭建编程环境。

【目标任务】

初步认识计算机，掌握 Qt 编程环境搭建的方法。

【知识点】

- 初步认识计算机，包括计算机硬件系统的基本组成及工作原理。
- 计算机语言简介及 C 语言特性。
- 搭建编程环境。

1.1　认识计算机

计算机（Computer）是一种用于高速计算的电子计算机器，它既可以进行数值计算，又可以进行逻辑计算，还具有存储记忆功能。计算机是能够按照程序运行，自动、高速处理海量数据的现代化智能电子设备。计算机的外观如图 1-1 所示。

计算机是 20 世纪最重要的科学技术发明之一，对人类的生产活动和社会活动产生了极其深远的影响，并以强大的生命力飞速发展。计算机的发明者冯·诺依曼（von Neumann）在 1945 年 3 月与他人起草了一个全新的"存储程序通用电子计算机方案"——EDVAC（Electronic Discrete Variable Automatic Computer），这一方案也被称为冯·诺依曼体系结构。冯·诺依曼体系结构至今仍为电子计算机设计者所遵循，其主要思想是计算机硬件系统由存储器、控制器、运算器、输入设备和输出设备 5 个基本部分组成，各基本部分的功能如下。

图 1-1　计算机的外观

- 存储器不仅能存放数据，而且能存放指令。两者在形式上没有区别，但计算机能区分是数据还是指令。

- 控制器能自动取出指令并执行。
- 运算器能进行加、减、乘、除 4 种基本算术运算，还能进行一些逻辑运算和附加运算。
- 操作人员可以通过输入设备、输出设备和主机进行通信。

计算机硬件系统的基本组成及工作原理如图 1-2 所示。

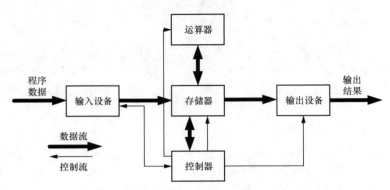

图 1-2　计算机硬件系统的基本组成及工作原理

计算机内部以二进制表示指令和数据，其中数据只用 0 和 1 的二项式序列表示，即 $\{0,1\}^n$，n 为正整数。每条指令由操作码和地址码两部分组成。操作码指出操作类型，地址码指出操作数的地址。计算机采用"存储程序"工作方式。

通常将运算器和控制器统称为中央处理器（Central Processing Unit，CPU）。CPU 是整个计算机的核心部件，是计算机的"大脑"，控制计算机的运算、处理、输入和输出等工作。根据存储器与 CPU 联系的密切程度，可将其分为内存储器（主存储器）和外存储器（辅助存储器，如硬盘、U 盘等）两大类。内存储器（断电后数据会丢失）在计算机主机内，直接与运算器、控制器交换信息。其容量虽小，但存取速度快，一般只存放那些正在运行的程序和待处理的数据。为扩大内存储器的容量，引入了外存储器（断电后数据一般不会丢失）。外存储器作为内存储器的延伸，间接和 CPU 联系，常用来存放一些系统必须使用，但又不急于使用的程序和数据。程序必须调入内存储器方可执行。外存储器存取速度慢，但存储容量大，可以长时间保存大量信息。

二进制（Binary）是指在数学和数字电路中以 2 为基数的记数系统，用 0 或 1 来表示数据（因为计算机用高电平和低电平分别表示 1 和 0）。每个二进制数占一位，即一个比特（binary digit，bit），每 8 个二进制数构成一个字节（Byte）。

一位二进制数 1 等于十进制数 1，即一位二进制数能表示的最大十进制数为 $2^0=2^1-1=1$，一位二进制数有 0、1，对应十进制数为 0、1，共 $2^1=2$ 个一位二进制数。

两位二进制数 11 等于十进制数 3，即两位二进制数能表示的最大十进制数为 $2^0+2^1=2^2-1=3$，两位二进制数有 00、01、10、11，对应十进制数为 0～3，共 $2^2=4$ 个两位二进制数。

三位二进制数 111 等于十进制数 7，即三位二进制数能表示的最大十进制数为 $2^0+2^1+2^2=2^3-1=7$，三位二进制数有 000、001、010、011、100、101、110、111，对应十进制数为 0～7，共 $2^3=8$ 个三位二进制数。

……

依次类推，八位二进制数 11111111 等于十进制数 255，即八位二进制数能表示的最大十进制

数为 $2^0+2^1+2^2+2^3+2^4+2^5+2^6+2^7 = 2^8-1=255$，它可表示十进制的 0 ～ 255，共 256 个八位二进制数。由此可知，n 位二进制数表示的最大十进制数为 2^n-1，共 2^n 个 n 位二进制数。

　　除了二进制之外，计算机也经常使用十六进制（Hexadecimal，HEX），它在数学中是一种逢 16 进 1 的进位制。一般用数字 0 ～ 9 和字母 A ～ F（或 a ～ f）表示，其中 A ～ F 分别表示十进制数的 10 ～ 15。

1.2　计算机语言与C语言

　　计算机语言的种类非常多，总的来说可以分成**机器语言、汇编语言和高级语言**三大类。

　　机器语言是指机器能直接识别的程序语言或指令代码（无须经过翻译，每个指令代码在计算机内部都有相应的电路来完成），或指不经过翻译即可被机器直接理解和接受的程序语言或指令代码。

　　通用的编程语言有两种形式：汇编语言和高级语言。

　　汇编语言（Assembly Language）是一种用于电子计算机、微处理器、微控制器或其他可编程器件的低级语言，又称符号语言。在汇编语言中，用助记符代替机器指令的操作码，用地址符号或标号代替指令或操作数的地址。汇编语言的优点是显而易见的，用汇编语言能完成的操作不是一般高级语言能实现的，而且源程序经汇编生成的可执行文件不仅比较小，而且执行速度很快。

　　高级语言是相对于汇编语言而言的，它是较接近自然语言和数学公式的编程语言，基本脱离了机器的硬件系统，用人们更易理解的方式编写程序，编写的程序称为源程序。

　　高级语言和汇编语言相比，不但将许多相关的机器指令合成为单条指令，而且去掉了与具体操作有关但与完成工作无关的细节，如使用堆栈、寄存器等，这样就大大简化了程序中的指令。同时，由于省略了很多细节，编程者也就不需要有太多的专业知识。高级语言是目前绝大多数编程者的选择。

　　1972 年，美国贝尔实验室的丹尼斯·里奇（D. M. Ritchie）设计出了一种新的语言，命名为 C 语言。相对人类文明史及发展而言，C 语言如刚出生的婴儿；而相对现代计算机发展史而言，C 语言是一门古老的语言。为了利于 C 语言的全面推广，许多专家学者和硬件厂商联合组成了 C 语言标准委员会，并在之后的 1989 年，制定出了第一个完备的 C 语言标准，简称"C89"，也就是"ANSI C"。截至 2020 年，最新的 C 语言标准为 2018 年 6 月发布的"C18"。C 语言属于计算机高级语言的一种，到目前为止，C 语言依然是最受欢迎的计算机语言之一。

　　C 语言是一门面向过程的、抽象化的通用程序设计语言。所谓面向过程就是分析出解决问题需要的步骤，然后用函数一步一步地实现这些步骤，这样在使用的时候一个一个依次调用就可以了。

　　C 语言也是一种结构化语言，它有着清晰的层次，可按照模块的方式对程序进行编写，十分有利于程序的调试。C 语言的处理和表现能力都非常强大，依靠其非常全面的运算符和多样的数据类型，程序开发人员可以轻易完成各种数据结构的构建，通过指针类型更可对内存进行直接寻址并对硬件进行直接操作。因此，C 语言既能用于开发系统程序，又能用于开发应用软件。C 语言具有如下主要特点。

　　1. 语言简洁

　　C 语言包含的控制语句仅有 9 种，保留字也只有 32 个，程序的编写要求不严格且以小写字母为主，对许多不必要的部分进行了精简。实际上，C 语言的语句构成与硬件的关联较少，且 C 语言本身不提供与硬件相关的输入 / 输出、文件管理等功能，如需此类功能，则要配合编译系统所支持的各类库进行编程，故 C 语言拥有非常简洁的编译系统。所谓编译，就是将编程语言翻译成可执行的机器语言。

2. 具有结构化的控制语句

C 语言是一种结构化的语言，提供的控制语句具有结构化的特征，如 for 语句、if...else 语句和 switch 语句等。结构化的控制语句可用于实现函数的逻辑控制，方便面向过程的程序设计。

3. 数据类型丰富

C 语言包含的数据类型丰富，不仅包含传统的字符型、整型、浮点型、数组型等数据类型（但没有布尔型，即真假型），还包含其他编程语言所不具备的数据类型，其中以指针型数据使用最为灵活。因此，C 语言可以通过编程对各种数据结构进行计算。

4. 运算符丰富

C 语言包含 34 个运算符。赋值、括号等均作为运算符来操作，使 C 语言的程序表达式类型和运算符类型均非常丰富。

5. 可对物理地址进行直接操作

C 语言不但具备高级语言的良好特性，又包含许多汇编等低级语言的优势，如 C 语言允许对硬件内存地址进行直接读写，以此实现汇编语言的主要功能，并可直接操作硬件，故其在系统软件编程领域有着广泛的应用。

6. 可移植性强

C 语言是面向过程的编程语言，用户只需要关注待解决问题本身，而不需要花费过多的精力去了解相关硬件，且针对不同的硬件环境，在用 C 语言实现相同功能时的代码基本一致，不需改动或仅需进行少量改动便可完成移植。这就意味着，在 Windows 系统的计算机上编写的 C 语言程序可在 Linux 系统的计算机上运行，从而减少了程序移植的工作量。

7. 编译和执行效率较高

与其他高级语言相比，C 语言可以生成高质量和高效率的目标代码，故通常用于对代码质量和执行效率要求较高的嵌入式系统程序的编写。

1.3　Qt下载和安装

Qt（音同 cute）是一个跨平台的 C/C++ 开发库，主要用来开发图形用户界面（Graphical User Interface，GUI）程序，当然也可以用来开发不带界面的命令用户接口（Command User Interface，CUI）程序。本书将使用 Qt 来开发 C 语言程序。Qt 官网有一个专门的资源下载网站，所有的开发环境和相关工具都可以从这里下载，地址是 http://download.qt.io/，国内镜像网址是 https://mirrors.tuna.tsinghua.edu.cn/qt/，在此可以下载 development_releases 离线版或者在线安装包。本书以 Qt 5.12.10 版为例介绍其安装过程，其他版本基本类似。Qt 从 5.15 版本开始（5.14.2 是官方最后一个可下载 .exe 安装包进行离线安装的版本），对非商业版本，也就是开源版本，不再提供已经制作好的离线 .exe 安装包，只能在线安装。双击安装包开始安装，安装界面如图 1-3 所示，等待【Next】按钮被激活（变为黑色）。

图 1-3　开始安装

　　单击【Next】按钮，进入图 1-4 所示界面，注册一个 Qt 账号，在邮箱中激活账号后单击【Next】按钮。

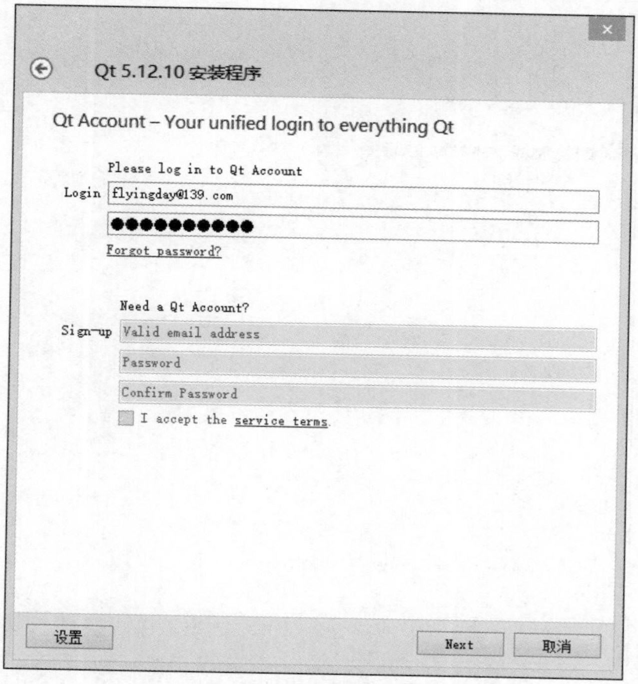

图 1-4　注册 Qt 账号

进入图 1-5 所示界面，确认义务后，单击【下一步】按钮。

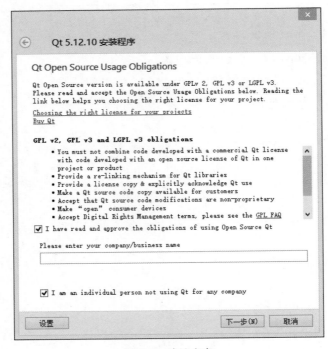

图 1-5 确认义务

进入图 1-6 所示界面，确认安装目录后，单击【下一步】按钮。

图 1-6 确认安装目录

在图 1-7 所示界面中阅读并同意许可协议后，单击【下一步】按钮。

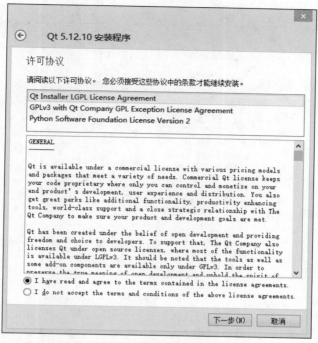

图 1-7　同意许可协议

在图 1-8 所示界面中选择开始菜单快捷方式后，单击【下一步】按钮。

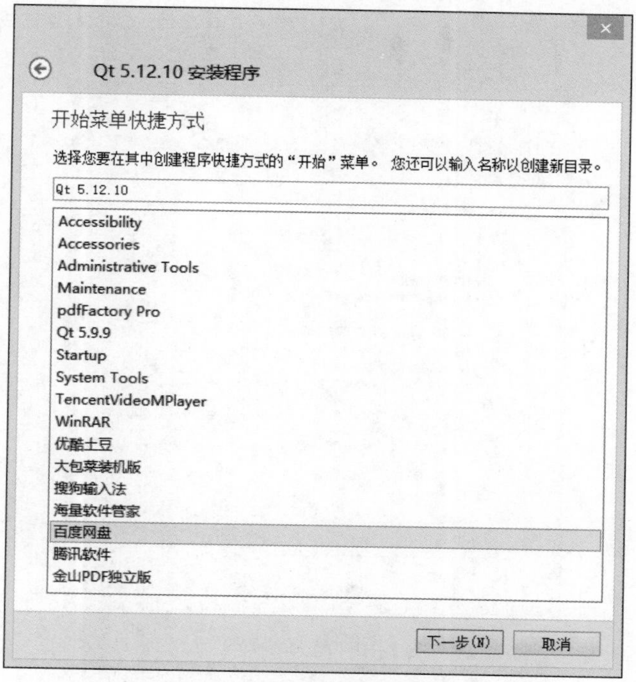

图 1-8　选择开始菜单快捷方式

在弹出界面中单击【安装】按钮即可进入图 1-9 所示界面，在列表中选择要安装的编译器组件。

图 1-9 选择编译器 1

在图 1-9 所示界面中选择编译器组件后，展开下面的列表，在图 1-10 所示界面中继续选择对应编译器。

图 1-10 选择编译器 2

注意，如果是 32 位的计算机请选择 32 位的编译器，如果是 64 位的计算机请选择 64 位的编译器。**一定注意在两个界面中均要选择编译器，否则 Qt 程序无法编译。**单击【下一步】按钮继续安装，最后在弹出的窗口中单击【完成】按钮，启动 Qt，启动界面如图 1-11 所示。

图 1-11　Qt 启动界面

至此，Qt 安装完成，编程环境搭建完毕。

Qt 在统信 UOS（由统信软件技术有限公司开发的国产操作系统）上的安装比较简单，在统信 UOS 的桌面上单击鼠标右键并选择【在终端中打开】命令，打开统信 UOS 的命令行终端，使用下述安装命令即可完成 Qt 5.12.10 的安装。

```
sudo apt-get install qt5-default qtcreator
```

输入命令后，sudo（类似于 Windows 的添加 / 删除程序）自动开始从网络下载所需的包，例如开发工具 Qt、编译器 qmake、帮助文档和开发样例等，下载过程中需要输入字母"y"来确认下载。

1.4　习题

（1）相对其他计算机语言，C 语言有哪些特性？

（2）计算机硬件系统的基本组成及工作原理是什么？

第2章

C 语言入门

C 语言一问世就以其功能丰富、表达能力强、灵活方便、应用面广等特点迅速在全世界得到普及和推广。C 语言是其他高级语言的基础，学习 C 语言是进入编程世界的必修课之一。本章主要介绍 C 语言基本语法、变量和数据类型、输入和输出、变量运算、宏和常量以及运算符和优先级。

【目标任务】

掌握 C 语言程序的最简结构、变量和基本数据类型、输入和输出、数据之间的运算、宏和常量，以及常见的编程规范。

【知识点】

- C 语言程序的最简结构。
- 变量和基本数据类型。
- 输入和输出。
- 数据之间的运算。
- 宏和常量。
- 编程规范。

2.1 认识C语言程序

下面通过一个简单的 C 语言程序，在屏幕上输出一行文字，对 C 语言编程进行介绍。在图 2-1 所示的 Qt 界面中单击【文件】菜单，选择【新建文件或项目】命令，或在界面右侧上方的 Projects 后面单击【New】按钮。

系统弹出图 2-2 所示的【新建项目 - Qt Creator】窗口，在【选择一个模板】的【项目】列表框中选择【Non-Qt Project】选项，然后选择【Plain C Application】选项。

在弹出的图 2-3 所示的【Plain C Application】窗口中输入项目名称和路径，单击【下一步】按钮。

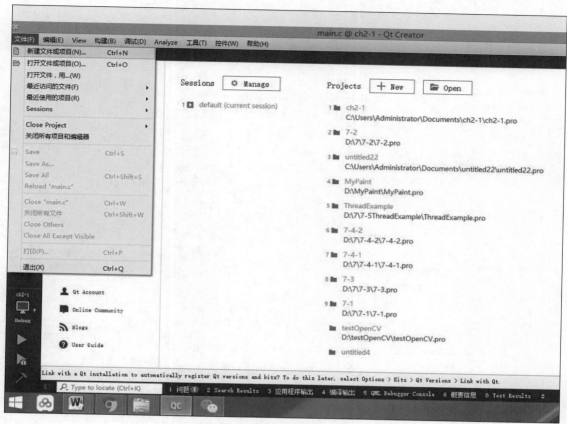

图 2-1　新建项目

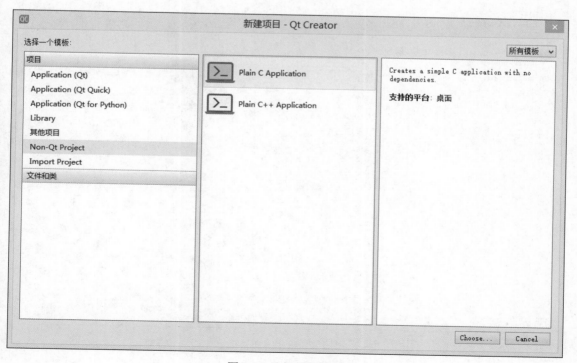

图 2-2　选择项目模板

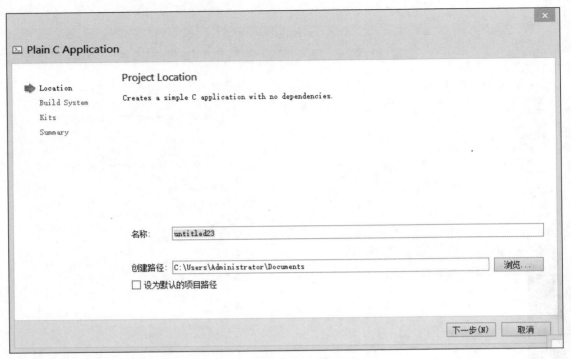

图 2-3　输入项目名称和路径

在图 2-4 所示的界面中选择编译系统，单击【下一步】按钮。

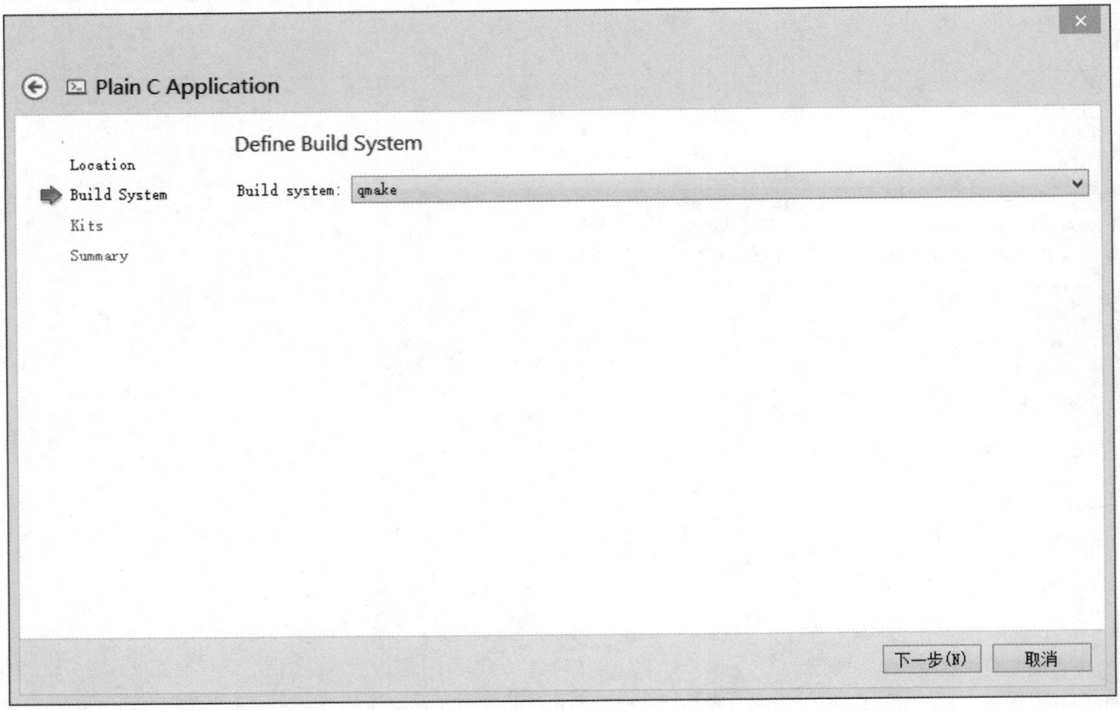

图 2-4　选择编译系统

在图 2-5 所示的界面中选择编译器，单击【下一步】按钮。

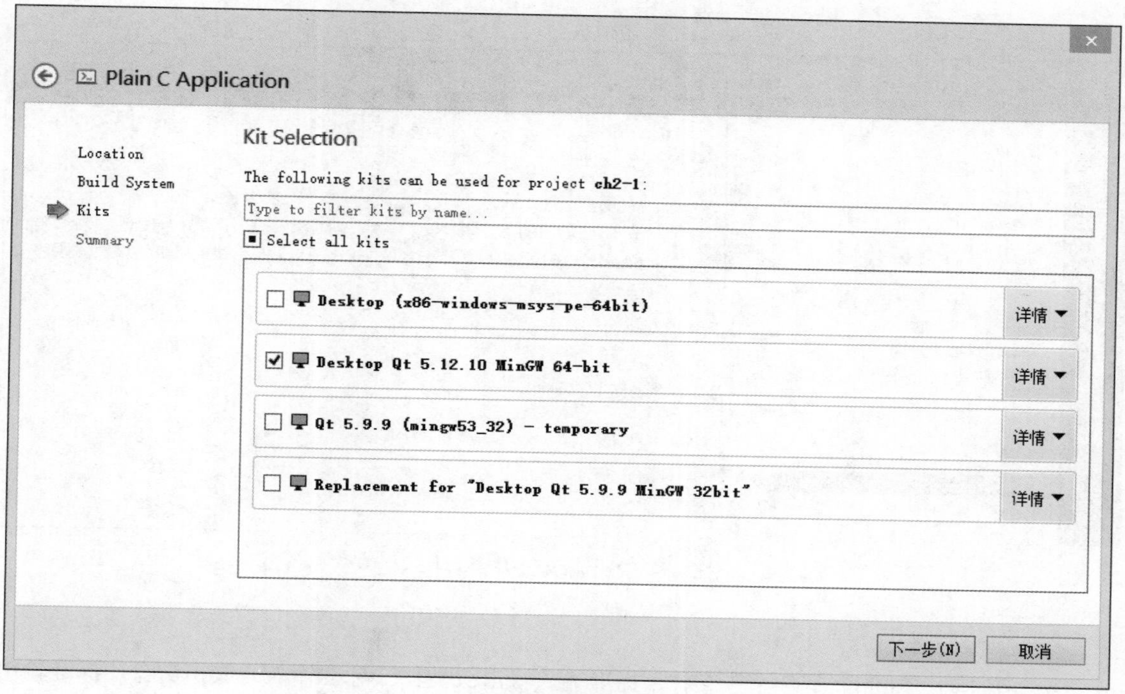

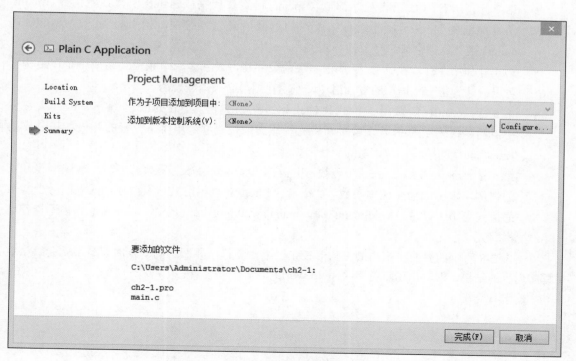

图 2-5 选择编译器

在图 2-6 所示的界面中选择项目管理，单击【完成】按钮。

图 2-6 选择项目管理

单击图 2-7 所示的界面左上方的 ch2-1 项目，再单击 Sources，界面右侧窗口中会显示源文件代码。

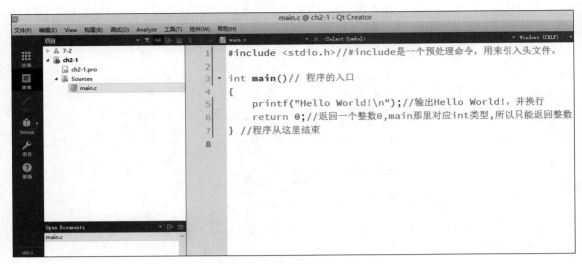

图 2-7 打开源文件并查看代码

下面对代码进行详细介绍。

- 第 1 行。stdio.h 是一个头文件 (标准输入输出头文件，标准输入一般指键盘，标准输出一般指屏幕)，#include 是一个预处理命令，用来引入头文件。当编译器遇到 printf() 函数时，如果没有找到 stdio.h 头文件，会报编译错误。
- 第 3 行。所有的 C 语言程序都包含 main() 函数，代码从 main() 函数开始执行。main() 函数前面的 int 表示程序运行结束后的返回值必须为整型，如果将 int 改为 void，则 main() 函数返回空值。
- 第 4 行和第 7 行。花括号 {} 是程序块的分界符，表示多个单条语句组成一个在结构上可以被认为是一个语句的复合语句，左右花括号必须搭配使用。
- 第 5 行。printf() 函数用于格式化输出运行结果到屏幕，printf() 函数在 stdio.h 头文件中声明。代码中的 \n 表示换行，将光标从当前位置移到屏幕下一行的开头。其中 n 是"new line"的缩写，即"新的一行"。
- 第 6 行。return 0 终止 main() 函数，并返回 0。一般用在主函数结束时，按照程序开发的惯例，表示成功完成本函数。C 语言中，return 语句用来结束循环，或返回一个函数的值。当第 3 行写为 void main() 时，main() 函数的返回值是空（即 return ;，但不推荐这样写）。

单击图 2-8 所示的界面左下角的三角形按钮，编译运行，界面右侧下方的窗口中就会给出这个程序运行的结果，即输出了字符串"Hello World ！"

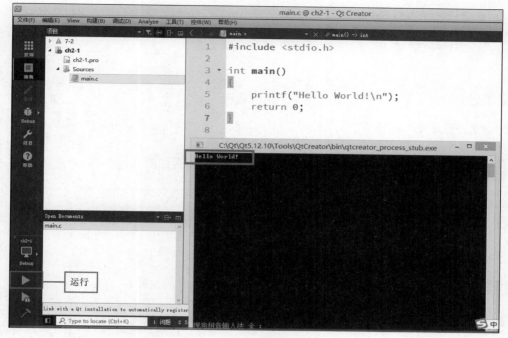

图 2-8　编译和运行结果

将这个程序的代码进行删改，只保留 8 个字符，即：

```
main()
{
}
```

单击三角形按钮编译运行，会发现程序依然可以运行，但没有任何输出和输入。这是最简洁的 C 语言程序，通过这 8 个字符，可以了解一个 C 语言程序最必要的成分。

2.2　基本语法

在了解了 C 语言程序的基本结构后，接下来介绍 C 语言如何通过基本语法构建程序。

2.2.1　令牌

C 语言程序语句由各种令牌（Token）组成。所谓令牌，就是语句的组成成分，令牌可以是关键字、标识符、常量、字符串，也可以是一个符号。例如，下面的 C 语言程序的语句包括 5 个令牌：

```
printf("Hello, World! \n");
```

这 5 个令牌分别是：

```
printf
(
"Hello, World! \n"
)
;
```

其中，第一个令牌为"printf"，表示向屏幕输出；第二个令牌为"("，圆括号里面表示一条语句，必须与")"搭配使用；第三个令牌为""Hello, World! \n""，表示一个字符串，即由多个字符连接而成；第四个令牌为")"；第五个令牌为";"，表示语句结束。接下来对这些令牌进行详细介绍。

2.2.2　分号

在 C 语言程序中，分号是语句结束符。也就是说，每个语句必须以分号结束。它表示一个逻辑实体的结束。

例如，下面是两个不同的语句：

```
printf("Hello, World! \n");
return 0;
```

2.2.3　注释

C 语言有两种注释方式：以 // 开始的注释和用 /* */ 包含的注释。

以 // 开始的单行注释单独占一行：

```
//单行注释
```

用 /* */ 包含的注释可以是单行或多行：

```
/*单行注释*/
/*
 多行注释
 多行注释
 多行注释
*/
```

注意，不能在注释内嵌套注释，注释也不能出现在字符串或字符值中。

要在 Qt 中自动注释，可选择需要注释的行，单击【编辑】菜单，选择【Advanced】菜单子项，再选择【Toogle Comment Selection】命令。或者选择需要注释的代码行后单击鼠标右键，选择【Toogle Comment Selection】命令。如果要去掉注释，也是同样的操作。

如果在 Qt 中编译或者运行时出现中文乱码，可在【编辑】菜单中选择【Select Encoding】命令，在弹出的【Select encoding for "XXX.X"】窗口中选择 UTF8 作为编码方式，单击【Save with Encoding】按钮，然后在【编辑】菜单中再选择一次 GB2312 作为编码方式。

2.2.4　标识符

C 语言标识符用来标识变量、函数或任何其他用户自定义项目的名称。一个标识符以字母 A～Z（a～z）或下划线 _ 开头，后跟零个或多个字母、下划线和数字（0～9）。

C 语言标识符内不允许出现标点字符，如 @、$ 和 %。C 语言是区分大小写的编程语言，因此，在 C 语言程序中，a 和 A 是两个不同的标识符。下面列出几个有效的标识符：

```
M2ahd       zara    abcd    move_name    a_123
myname50    _temp   j       a23b9        retVal    A123
```

2.2.5　保留字

表 2-1 列出了 C 语言中的保留字（又称关键字）。这些保留字不能被用户定义为常量名、变量名或其他标识符名称，也就是说，这些保留字已被 C 语言占用，用户不能再进行定义。

表 2-1　C 语言中的保留字及说明

保留字	说明
auto	声明自动变量
break	跳出当前循环
case	开关语句分支
char	声明字符型变量或函数返回值类型
const	定义常量，如果一个变量被 const 修饰，那么它的值就不能被改变
continue	结束当前循环，开始下一轮循环
default	开关语句中的默认分支
do	循环语句的循环体
double	声明双精度浮点型变量或函数返回值类型
else	条件语句否定分支（与 if 连用）
enum	声明枚举类型
extern	声明变量或函数是在其他文件或本文件的其他位置定义
float	声明单精度浮点型变量或函数返回值类型
for	一种循环语句
goto	无条件跳转语句
if	条件语句
int	声明整型变量或函数返回值类型
long	声明长整型变量或函数返回值类型
register	声明寄存器变量
return	子程序返回语句（可以带参数，也可不带参数）
short	声明短整型变量或函数返回值类型
signed	声明有符号类型变量或函数返回值类型
sizeof	计算数据类型或变量长度（即所占字节数）
static	声明静态变量
struct	声明结构体类型
switch	用于开关语句
typedef	用于给数据类型取别名
unsigned	声明无符号类型变量或函数返回值类型
union	声明共用体类型
void	声明函数无返回值或无参数，声明无类型指针
volatile	说明变量在程序运行中可被隐含地改变
while	循环语句的循环条件

2.2.6　空格

只包含空格的行被称为空白行（可能带有注释），C 语言编译器会完全忽略它。

在 C 语言中，空格用于描述空白符、制表符、换行符和注释。空格分隔语句的各个部分，让编译器能识别语句中的某个元素（如 int）在哪里结束，下一个元素从哪里开始。请看下面的语句：

```
int number;
```

在这里，int 和 number 之间必须至少有一个空格字符（通常是一个空白符），这样编译器才能够区分。另一方面，在下面的语句中：

```
fruits = apples + oranges; //获取水果的总数
```

fruits 和 =，或者 = 和 apples 之间的空格字符则不是必需的，但是为了增强代码的可读性，可以根据需要适当增加一些空格。

2.3　变量和数据类型

在 C 语言中，数据类型用于声明不同类型的变量或函数。变量的类型决定了变量存储占用的空间，以及如何存储的位模式。

2.3.1　变量

现实生活中，我们经常会用一个小箱子存放物品，使物品显得不那么凌乱，且方便找到。在计算机中也是这个道理，需要先在内存中找一块区域，规定用它来存放整数，并起一个好记的名字，方便以后查找。这块区域就是"小箱子"，定义后就可以把数据导入。

在 C 语言中，可以这样在内存中分配一块区域：

```
int a;
```

int 是 Integer 的缩写，表示整数。a 是给这块区域起的名字，即变量名。变量名必须满足标识符的规定。这个语句的意思是：在内存中找一块区域，命名为 a，用来存放整数。

注意，int 和 a 之间是有空格的，int a 表达了完整的意思，是一个语句，最后用分号来结束。接下来向变量赋值，在 C 语言中，可以这样向内存中存放整数：

```
a=123;
```

语句中的 = 在数学中叫等号，其用法如 1+2=3；但在 C 语言中，= 的作用是赋值（Assign）。赋值是指把数据存放到内存的过程。

把上面的两个语句连起来：

```
int a;
a=123;
```

这样就把 123 放到了一块叫作 a 的内存区域中，以上两个语句也可以直接写成一个语句：

```
int a=123;
```

给变量 a 赋的值不是一成不变的，可以根据需要重新赋值，例如：

```
int a;

a=999; //第一次赋值
a=666; //第二次赋值
```

第二次赋值会把第一次的数据覆盖（擦除）掉，也就是说，变量 a 中最后的值是 666，999 已经不存在了，再也找不回来了，**即变量只会保存最后一次的赋值**。

可以在定义的时候进行初始化，即：

```
int a=999;
```

这与变量先声明后赋值等同。

2.3.2　数据类型

数字、文字、符号、图形、音频、视频等数据都是以二进制形式存储在内存中的，它们并没有本质上的区别。例如，二进制数 00010000 是数字 16，还是图像中某个像素的颜色，又或者是某个声音的电流信号呢？如果没有特别指明是什么数据，我们就不知道该数据的实际含义。数据类型用来说明数据的类型，使数据的解释方式不会产生歧义。C 语言基本数据类型及声明的保留字如表 2-2 所示：

表 2-2　C 语言基本数据类型及声明保留字

说明	字符型	短整型	整型	长整型	单精度浮点型	双精度浮点型	无类型
数据类型	char	short	int	long	float	double	void

char 为字符型，整型包括短整型、整型、长整型 3 类，浮点型包括单精度浮点型和双精度浮点型。其中 void 无类型表示一种未知的类型，不能表示一个真实的变量。

2.3.3　数据长度

根据第 1 章的内容可得知，二进制描述的数据个数 sum 与二进制的位数 n 构成 $sum=2^n$ 关系。由表 2-3 可知，字符变量占 1 个字节，共 8 个二进制位，可表示 256 个字符。

ASCII（American Standard Code for Information Interchange，美国信息交换标准代码）是基于拉丁字母的一套计算机编码，主要用于显示现代英语和其他西欧语言。ASCII 是最通用的信息交换标准，等同于国际标准 ISO/IEC 646。ASCII 使用指定的 8 位二进制数（1 个字节）组合来表示 256 个可能的字符，其中后 128 个字符称为扩展 ASCII。许多基于 x86 的系统都支持使用扩展（或"高"）ASCII。扩展 ASCII 允许将每个字符的第 8 位用于确定附加的 128 个特殊符号字符、外来语字母和图形符号，常用字符与 ASCII 表见附录一。

所谓数据长度，是指数据在内存中占多少个字节。占用的字节越多，能存储的数据就越多，对于数字来说，值就会更大；反之，占用的字节越少，能存储的数据就有限。多个数据在内存中是连续存储的，彼此之间没有明显的界限，如果不指明数据的长度，计算机就不知道何时存取结束。例如，保存一个整数 1000，占用 4 个字节的内存，而读取时计算机却认为它占用 3 个字节或 5 个字节，这显然是不正确的。所以，在定义变量时还要指明数据的长度，这是数据类型的另外一个作用。数据类型除了指明数据的解释方式，还指明了数据的长度。在 C 语言中，每一种数据类型所占用的字节数都是固定的，知道了数据类型，也就知道了数据的长度。在 32 位 Windows 操作系统中，C 语言基本数据类型及长度一般如表 2-3 所示，不同操作系统和编译器会有所不同。

表 2-3　C 语言基本数据类型及长度

说明	字符型	短整型	整型	长整型	单精度浮点型	双精度浮点型
数据类型	char	short	int	long	float	double
长度	1	2	4	4	4	8

int 型数据一般占用 4 个字节（Byte），共计 32 位（bit）。如果不考虑正负数，根据第 1 章的描述，无符号整型数据的最大值 N 与其所占二进制位数 n 构成 $N=2^n-1$ 的关系，其中对于一个整型数据，最大值 $N=2^{32}-1$。当二进制数所有的位都为 1 时它的值最大，即 $2^{32}-1 = 4294967295 \approx 43$ 亿，这是一个很大的数，实际开发中很少用到，而如 1、99、12098 等较小的数使用频率则较高。

int 是基本的整数类型，short 和 long 是在 int 的基础上进行扩展，short 型可以节省内存，long 型可以容纳更大的值。short、int、long 是 C 语言中常见的整数类型。

整型分为无符号（unsigned）和有符号（signed）两种类型，在默认情况下，声明的整型变量都是有符号的类型，如果需声明无符号类型，就需要在类型前加上 unsigned。无符号整型和有符号整型的区别就是无符号整型可以存放的正数范围是有符号整型可以存放的数据的两倍，因为有符号整型将最高位用来储存符号，而无符号整型全都储存数据。在对应的整型前面加上 unsigned，也就是 unsigned int、unsigned short、unsigned long。其中 unsigned int 可以直接写为 unsigned。无符号整型不能存储负数，但存储的最大值可以扩大一倍。

数据类型只在定义变量时指明，而且必须指明；使用变量时无须再指明，因为此时的数据类型已经确定了。

C 语言被发明的早期，在单片机和嵌入式系统中，内存都是非常稀缺的资源，所有的程序都在尽力节省内存。而 43 亿虽然已经很大，但要表示全球人口数量还是不够，必须要让整数占用更多的内存，才能表示更大的值，如占用 6 个字节或者 8 个字节。要让整数占用更少的内存可以在 int 前边加 short，要让整数占用更多的内存则可以在 int 前边加 long，例如：

```
short a = 10;
short b, c = 99; //只对c赋初值99，b未赋初值
long m = 102023;
long n, p = 562131;
```

sizeof 是 C 语言的一种单目操作符，如 C 语言的其他操作符 ++、−− 等，但其并不是函数。sizeof 操作符以字节形式给出其操作数的存储大小。

可以通过 sizeof（变量名）查看变量所占字节数，如图 2-9 所示，其中的 %d 表示输出类型为整数，从运行结果可看出整型变量占有 4 个字节，不同的操作系统会有不同的运行结果。

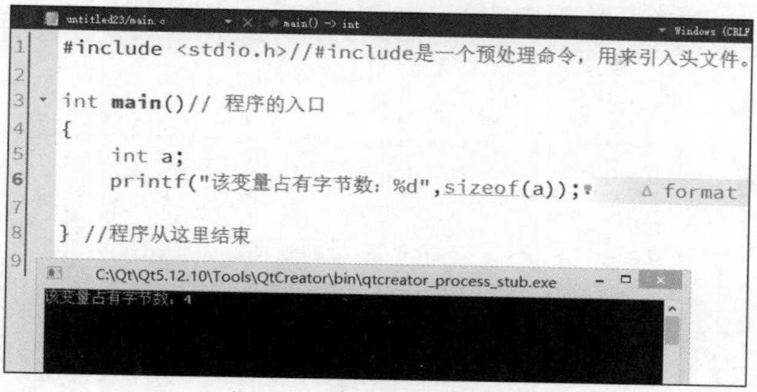

图 2-9 查看变量所占字节数

2.3.4 多个变量连续定义

为书写简洁，C 语言支持多个变量的连续定义，例如：

```
int a, b, c;
float m = 10.9, n = 20.56;
char p, q = '@';
```

连续定义的多个变量以逗号","分隔，并且要拥有相同的数据类型；变量可以初始化，也可以不初始化。

2.4 输入和输出

输入和输出（Input and Output, IO）是用户和程序"交流"的过程。在控制台程序中，输出一般是指将数据（包括数字、字符等）显示在屏幕上，输入一般是指获取用户在键盘上输入的数据。

在 C 语言中，以下 3 个函数可以用来在显示器上输出数据。

- puts() 函数：只能输出字符串，并且输出结束后会自动换行。
- printf() 函数：可以输出各种类型的数据。
- putchar() 函数：只能输出单个字符。

下面对这 3 个输出函数进行说明。

2.4.1 putchar()函数

字符由定界符单引号''包围，字符串由定界符双引号""包围。字符与字符串之间，除了定界符不同之外，还有一个区别是：字符占据一个字节，字符串占据多个字节，字符串可理解为由多个字符连接而成。字符可以声明对应的变量来存储，字符串要用字符数组来存储。关于字符串，将在第 7 章中继续介绍。

输出 char 型的字符有以下两种方法。

- 使用专门的字符输出函数 putchar()。
- 使用通用的格式化输出函数 printf()，char 对应的格式控制符是 %c。

下面通过例【2-1】进行说明。

例【2-1】字符输出。代码如下：

```c
#include <stdio.h>

int main() {
    char a = '1';
    char b = '$';
    char c = 'A';
    char d = ' ';

    //使用 putchar()函数输出
    putchar(a);
    putchar(d);
    putchar(b);
    putchar(d);
    putchar(c);
    putchar('\n');
    //使用 printf()函数输出
    printf("%c %c %c %d\n", a, b, c, d);

    return 0;
}
```

编译运行，结果如下：

```
1 $ A
1 $ A 32
```

计算机在存储字符时并不是真的存储字符实体，而是存储该字符在字符集中的编号（也叫编码值）。对于 char 型来说，实际上存储的就是字符的 ASCII 值。无论在哪个字符集中，字符编号都是一个整数，从这个角度考虑，字符型和整型本质上没有什么区别。可以给字符型赋值一个整数，或者以整数的形式输出字符型。反过来，也可以给整型赋值一个字符，或者以字符的形式输出整型。

下面通过例【2-2】进行说明。

例【2-2】不同类型数据输出。代码如下：

```c
#include <stdio.h>

int main()
{
    char a = 'E';
    char b = 70;
    int c = 71;
    int d = 'H';

    printf("a: %c, %d\n", a, a);
    printf("b: %c, %d\n", b, b);
    printf("c: %c, %d\n", c, c);
    printf("d: %c, %d\n", d, d);

    return 0;
}
```

编译运行，结果如下：

```
a: E, 69
b: F, 70
c: G, 71
d: H, 72
```

在 ASCII 表中，字符 E、F、G、H 对应的编号分别是 69、70、71、72。

变量 a、b、c、d 实际上存储的都是整数。

当给变量 a、d 赋值一个字符时，字符会先转换成 ASCII 再存储。

当给变量 b、c 赋值一个整数时，不需要任何转换，直接存储就可以。

当以 %c 输出 a、b、c、d 时，会根据 ASCII 表将整数转换成对应的字符。

当以 %d 输出 a、b、c、d 时，不需要任何转换，直接输出就可以。

ASCII 表将英文字符和整数进行了关联。

因为计算机中所有的数据都是二进制的 0、1 代码，所以输出的时候要用输出控制符告诉计算机以什么形式将二进制数据显示出来。输出控制符中，%d、%f、%s、%c 是最常用的，分别对应输出整数、实数、字符串和字符，%.mf 则使用较少。

2.4.2　printf() 函数

printf() 函数的功能很强大，用法很灵活，比较难掌握，printf() 函数的格式有以下 4 种。

1. printf(" 字符串 \n");

示例代码如下：

```c
#include <stdio.h>

int main(void)
{
    printf("Hello World!\n"); //\n表示换行

    return 0;
}
```

其中，\n 表示换行。它是一个转义字符，前面在讲字符常量的时候介绍过。n 是 "new line" 的缩写，即 "新的一行"。

此外还需要注意，printf() 函数中的双引号和后面的分号必须在英文输入法下输入。双引号内的字符串可以是英文，也可以是中文。

2. printf(" 输出控制符 ", 输出参数);

示例代码如下：

```c
#include <stdio.h>

int main(void)
{
```

```
int i = 10;

printf("%d\n", i); /*%d是输出控制符, d 表示十进制, 后面的i是输出参数*/

return 0;
}
```

其中, printf 语句的意思是将变量 i 的值以十进制形式输出。

变量 i 的值本身就是十进制数, 为什么还要将变量 i 的值以十进制形式输出呢? 这是因为, 程序中虽然写的是 i=10, 但是在内存中并不是将 10 这个十进制数存放进去, 而是将 10 的二进制代码存放进去了。计算机只能执行二进制的 0、1 代码, 而 0、1 代码本身并没有什么实际的含义, 可以表示任何类型的数据。所以输出的时候要强调以哪种进制形式输出, 且必须要有输出控制符, 以告诉操作系统应该怎样解读二进制数据。

如果是 %x, 代表以十六进制的形式输出, 如果是 %o, 代表以八进制的形式输出。

3. printf(" 输出控制符 1 输出控制符 2...", 输出参数 1, 输出参数 2,...);

更多变量输出如例【2-3】所示。

例【2-3】输出多个变量。代码如下:

```
#include <stdio.h>

int main(void)
{
    int i = 10;
    int j = 3;

    printf("%d %d\n", i, j);

    return 0;
}
```

"输出控制符 1"对应的是"输出参数 1", "输出控制符 2"对应的是"输出参数 2", 以此类推, 编译执行后输出结果如下:

```
10 3
```

注意, 为什么 10 和 3 之间有一个空格? 因为上面 %d 和 %d 之间有空格, printf() 函数中双引号内除了输出控制符和转义字符 \n 外, 其他所有的普通字符全部都原样输出。例如以下代码:

```
#include <stdio.h>

int main(void)
{
    int i = 10;
    int j = 3;

    printf("i = %d, j = %d\n", i, j);

    return 0;
}
```

编译执行, 结果如下:

```
i = 10, j = 3
```

可以看到，"i ="、","、空格和"j ="全都原样输出了。此外还需要注意，输出控制符和输出参数无论在顺序上还是在个数上都必须一一对应，表 2-4 列出了 C 语言常用的输出控制符及其说明。

表 2-4   C 语言常用的输出控制符及说明

输出控制符	说明
%d	按十进制整型数据的实际长度输出
%ld	输出长整型数据
%md	m 为指定的输出字段的宽度。如果数据的位数小于 m，则左端补以空格；若大于 m，则按实际位数输出
%u	输出无符号整型数据（unsigned）
%c	用来输出一个字符
%f	用来输出实数，包括单精度和双精度，以小数形式输出。不指定字段宽度，由系统自动指定，整数部分全部输出，小数部分输出 6 位，超过 6 位的部分四舍五入
%.mf	输出实数时小数点后保留 m 位，注意 m 前面有个点
%o	以八进制形式输出整型数据
%s	用来输出字符串，用 %s 输出字符串同前面直接输出字符串是一样的
%x（或 %X）	以十六进制形式输出整型数据

printf() 函数中有输出控制符 %d，转义字符前面有反斜杠 \，还有双引号。那么怎样将这 3 个符号通过 printf() 函数输出到屏幕上呢？要输出 %d，只需在 %d 前面再加上一个 %；要输出 \，只需在 \ 前面再加上一个 \；要输出双引号，也只需在双引号中间加上一个 \。程序如例【2-4】所示。

例【2-4】输出 %、\ 和双引号，代码如下：

```
#include <stdio.h>

int main(void)
{
    printf("%%d\n");
    printf("\\\n");
    printf("\"\"\n");

    return 0;
}
```

编译运行后结果如下。

```
%d
\
""
```

4. printf(" 输出控制符和非控制符 "，输出参数);

第四种可以参考例【2-3】，其中以 % 开头的基本上都是输出控制符。

2.4.3   puts()函数

puts 是 output string 的缩写，意思是"输出字符串"。

在 C 语言中，字符串需要用双引号 " " 包围起来，Hello World！计算机无法识别，" Hello World！" 才是字符串。另外，使用 puts() 函数输出字符串的时候，需要将字符串放在 () 内。

例如：

```
#include <stdio.h>

int main()
{
    puts("Hello World! ");

    return 0;
}
```

运行这个程序，可以看到输出了 Hello World！并且光标下移一行。

2.4.4　scanf()函数

scanf() 函数是 C 语言中的一个输入函数，它与 printf() 函数一样，都被声明在头文件 stdio.h 里，因此在使用 scanf() 函数时要加上 #include <stdio.h>。scanf() 函数是格式输入函数，即按用户指定的格式从键盘把数据输入指定的变量中。

scanf() 函数是从标准输入流 stdio（标准输入设备，一般指键盘）中读内容的通用子程序，可以以说明的格式读入多个字符，并保存在对应地址的变量中。函数的第一个参数是格式字符串，指定了输入的格式，并按照格式说明符解析输入对应位置的信息，并存储于可变参数列表中对应的指针所指变量的内存中。每一个指针要求非空，并且与字符串中的格式符一一对应。

scanf() 函数返回成功读入的数据项数，函数返回值为 int。如果 a 和 b 都被成功读入，那么 scanf() 函数的返回值就是 2，代码如下：

```
scanf("%d %d",&a,&b);
```

如果只有 a 被成功读入，则返回值为 1；如果 a 和 b 都未被成功读入，则返回值为 0；如果遇到错误或遇到 end of file 文件结束，则返回值为 EOF。end of file 文件结束符为 Ctrl+Z（Windows 环境）或者 Ctrl+D（Linux 环境）。

&a,&b 中的 & 是寻址操作符，&a 表示对象 a 在内存中的地址，&b 表示对象 b 在内存中的地址，这是初学者不易掌握和理解的地方。下面通过例【2-5】进行说明。

例【2-5】使用 scanf() 函数输入数据。代码如下：

```
#include <stdio.h>

int main(void)
{
    int a,b,c;

    printf("Give me the value of a,b,c seperated with whitespaces:\n");
    scanf("%d%d%d",&a,&b,&c);
    printf("a=%d,b=%d,c=%d\n",a,b,c);
```

```
    return 0;
}
```

其中，&a,&b,&c 中的 & 是寻址操作符，&a 表示对象 a 在内存中的地址，变量 a，b，c 的地址是在编译阶段分配的（存储顺序由编译器决定）。

注意，如果 scanf() 函数中 %d 是连着写的，如 "%d%d%d"，在输入数据时，数据之间不可以用逗号分隔，只能用空白字符（空格、Tab 键或 Enter 键）分隔——"2（空格）3（Tab）4" 或 "2（Tab）3（Enter）4" 等。若是 "%d,%d,%d"，则在输入数据时需要加 ","，如 "2,3,4"，**注意是英文状态的逗号 ","，而不是中文的 "，"，写成中文逗号是初学者常犯的错误之一**，如果输入两个整数后按 Enter 键，则系统会等到输入第 3 个数，scanf() 函数才能读取完毕。

除了输入整数，用 scanf() 函数还可以输入单个字符、字符串、小数等，具体如例【2-6】所示。

例【2-6】输入字符、字符串和小数。代码如下：

```
#include <stdio.h>
int main()
{
    char letter;
    int age;
    char addr[30]; //字符数组，用于存储30个字符
    float price;

    scanf("%c", &letter);
    scanf("%d", &age);
    scanf("%s", addr); //数组可以加&也可以不加&
    scanf("%f", &price);
    printf("输出字母%c。\n", letter);
    printf("年龄: %d, 地址%s, 数字%g。\n", age, addr, price);

    return 0;
}
```

运行程序后的输入和输出结果如下：

```
z
12
abc
2.4
输出字母z。
年龄: 12, 地址abc, 数字2.4。
```

scanf() 和 printf() 函数虽然功能相反，但是格式控制符是一样的，单个字符、整数、小数、字符串对应的格式控制符分别是 %c、%d、%f、%s，表 2-5 给出了 scanf() 函数的格式控制符。

表 2-5　scanf() 函数的格式控制符

格式控制符	说明
%c	读取一个单一的字符
%hd、%d、%ld	读取一个十进制整型数据，并分别赋值给 short、int、long 型
%ho、%o、%lo	读取一个八进制整型数据（可带前缀也可不带），并分别赋值给 short、int、long 型
%hx、%x、%lx	读取一个十六进制整型数据（可带前缀也可不带），并分别赋值给 short、int、long 型

格式控制符	说明
%hu、%u、%lu	读取一个无符号整型数据，并分别赋值给 unsigned short、unsigned int、unsigned long 型
%f、%lf	读取一个十进制形式的小数，并分别赋值给 float、double 型
%e、%le	读取一个指数形式的小数，并分别赋值给 float、double 型
%g、%lg	既可以读取一个十进制形式的小数，也可以读取一个指数形式的小数，并分别赋值给 float、double 型
%s	读取一个字符串（以空白符结束）

2.4.5　getchar()函数

getchar() 函数用于输入单个字符，等同于 scanf("%c", c)，下面的例【2-7】演示了 getchar() 函数的用法。

例【2-7】输入单个字符。代码如下：

```
#include <stdio.h>

int main()
{
    char c;
    c = getchar(); //等同scanf("%c", &c)
    printf("c: %c\n", c);

    return 0;
}
```

输入示例：

```
$
C:$
```

2.4.6　gets()函数

gets() 函数是专用的字符串输入函数，如例【2-8】所示，字符串通过字符数组保存，具体的字符串操作见 8.5 节。

例【2-8】输入字符串。代码如下：

```
#include <stdio.h>

int main()
{
    char name[30], lang[30], addr[30]; //字符数组

    gets(name);
    printf("author: %s\n", name);
    gets(lang);
    printf("lang: %s\n", lang);
    gets(addr);
    printf("url: %s\n", addr);

    return 0;
}
```

gets() 函数存在缓冲区，每次按 Enter 键，就代表当前输入结束，然后从缓冲区中读取内容，这一点与 scanf() 函数一样。gets() 函数和 scanf() 函数的主要区别是：scanf() 函数读取字符串时以空格为分隔，遇到空格就认为当前字符串输入结束，所以无法读取含有空格的字符串；gets() 函数认为空格也是字符串的一部分，只有遇到 Enter 键时才认为字符串输入结束，所以不管输入了多少个空格，只要不按 Enter 键，对 gets() 函数来说就是一个完整的字符串。简单地说，gets() 函数能读取含有空格的字符串，而 scanf() 函数不能。

总结一下，C 语言中常用的向控制台输出数据的函数有 putchar()、printf() 和 puts() 等，从控制台读取数据的函数有 scanf()、getchar() 和 gets()，适用于所有平台。scanf() 是通用的输入函数，可以读取多种类型的数据；gets() 是专用的字符串输入函数，与 scanf() 函数相比，gets() 函数的主要优势是可以读取含有空格的字符串。字符串的输入和输出涉及数组和指针，这里先掌握基础用法，后续会详细讲解。

2.5　变量运算

C 语言中的加号、减号与数学中的一样，但乘号、除号不同，另外，C 语言还多了一个求余数的运算符，即 %。

2.5.1　加减乘除

例【2-9】给出 C 语言中进行基本运算的参考示例。

例【2-9】基本运算。代码如下：

```
#include <stdio.h>

int main()
{
    int a = 5;
    int b = 12;
    float c = 6.5;
    int m = a + b;
    float n = b * c;
    double p = a / c;
    int q = b % a;
    double s=2.2*5.2;

    printf("m=%d, n=%f, p=%lf, q=%d, s=%lf\n", m, n, p, q, s);

    return 0;
}
```

编译运行，结果如下：

```
m=17, n=78.000000, p=0.769231, q=2, s=11.44000
```

C 语言中的除法运算与数学中的除法运算略有不同，不同类型的除数和被除数会导致不同类型的运算结果。

当除数和被除数都是整数时，运算结果也是整数；如果不能整除，那么就直接丢掉小数部分，只保留整数部分，这跟将小数赋值给整型数据是一个道理。如果除数和被除数中有一个是小数，那么运算结果也是小数，并且是 double 型的小数。具体如例【2-10】所示。

例【2-10】浮点数运算。代码如下：

```
#include <stdio.h>

int main()
{
    int a = 100;
    int b = 12;
    float c = 12.0; //或float c=1.2e1 采用10的1次幂方式赋值
    double p = a / b;
    double q = a / c;

    printf("p=%lf, q=%lf\n", p, q);

    return 0;
}
```

编译运行，结果如下：

```
p=8.000000, q=8.333333
```

在这个例子中，c 为浮点数，因此 q 输出结果也为浮点数。

2.5.2　除数异常处理

假设变量 a 和 b 都是整数，a / b 的结果也是整数，a / b 的结果赋值给变量 p 也是整数。但除数不能为 0，因为任何一个数字除以 0 都没有意义。然而，编译器对这个错误一般无能为力，很多情况下，编译器在编译阶段根本无法计算出除数的值，不能进行有效预测，"除数为 0" 这个错误只能等到程序运行后才能发现，而程序在运行阶段出现任何错误都会崩溃，从而被操作系统终止运行。除数异常处理如例【2-11】所示。

例【2-11】除数异常处理。代码如下：

```
#include <stdio.h>

int main()
{
    int a, b;

    scanf("%d %d", &a, &b); //从控制台读取数据并分别赋值给a和b
    if (b==0) //判断是否为0，为0则退出，不进行除法
        return -1;
    else //不为0，可进行除法
        printf("result=%d\n", a / b); //不能不经if判断直接进行a/b运算

    return 0;
}
```

程序最初定义了两个 int 型的变量 a 和 b，程序运行后，从控制台读取用户输入的整数，并分别赋值给 a 和 b，此时才能知道 a 和 b 的具体值，也就才能知道除数 b 是不是 0。如果除数 b 为 0，程序将返回 −1 并退出。

2.5.3　取余运算

取余，也就是求余数，使用的运算符是 %。C 语言中的取余运算只能针对整数，也就是说，

运算符 % 的两边都必须是整数，不能出现小数，否则编译器会报错。另外，余数可以是正数也可以是负数，由 % 左边的整数决定。如果 % 左边的整数是正数，那么余数也是正数；如果 % 左边的整数是负数，那么余数也是负数。具体如例【2-12】所示。

例【2-12】取余运算。代码如下：

```c
#include <stdio.h>

int main()
{
    printf(
        "13%%5=%d \n13%%-5=%d \n"
        "-13%%5=%d \n-13%%-5=%d \n",
        13%5, 13%-5, -13%5, -13%-5
    );

    return 0;
}
```

编译运行，结果如下：

```
13%5=3
13%-5=3
-13%5=-3
-13%-5=-3
```

2.5.4　运算简写

在 C 语言中，对变量本身进行运算可以有简写形式。假设用 # 来表示某种运算符，那么：

a = a # b

可以简写为：

a #= b

表示 +、−、*、/、% 中的任何一种运算符。

a = a + 8 可以简写为 a += 8，a = a * b 可以简写为 a *= b。

下面的简写形式也是正确的：

```c
int a = 5, b = 10;
a += 20; //相当于 a = a +20;
a *= (b-20); //相当于 a = a * (b-20);
a -= (a+10); //相当于 a = a - (a+10);
```

2.5.5　字符与整数混合运算

字符与整数可进行混合运算，因为字符本身就是一个数值，常用字符都在 ASCII 表内，其中每一个数字都代表一个字符，所以可以自动进行计算，如例【2-13】所示。

例【2-13】字符与整数混合运算。代码如下：

```c
#include <stdio.h>
```

```
int main()
{
    int a = 2;
    char c='a'; //字符a对应ASCII值97
    int d=c+a;
    printf("%d,%c", d, d); //99对应ASCII为c

    return 0;
}
```

编译运行，结果如下：

```
99,c
```

在这个例子中，C 语言对字符对应的 ASCII 值进行了运算，然后将 ASCII 转换成了对应的整数输出。

2.5.6　自增和自减运算

自增和自减运算符存在于 C/C++ 等高级语言中，其作用是在运算结束前（前置自增或自减运算符）或后（后置自增或自减运算符）将变量的值加一或减一。主要的使用方式有两种：用在操作数前和操作数后。下面以例【2-14】进行说明。

例【2-14】自增自减运算。代码如下：

```
#include <stdio.h>

int main()
{
    int i = 1;
    int i_a = i++; //等价于 i_a = i; i = i + 1;
    int i_b = ++i; //等价于 i = i + 1; i_b = i;
    printf("%d %d", i_a, i_b);

    return 0;
}
```

编译运行，结果如下：

```
1 3
```

2.5.7　算术表达式和运算符的优先性与结合性

算术表达式是由算术运算符和括号将运算对象连接起来的式子。按照运算规则，表达式中 *、/、% 的优先级比 + 和 - 高。

在算术表达式中，优先级较高的运算符比优先级较低的运算符先进行运算。而在一个运算量两侧的运算符优先级相同时，则按运算符的结合性所规定的结合方向来处理。在 C 语言中，各运算符的结合性分为两种：左结合性（自左至右）和右结合性（自右至左）。算术运算符的结合性是自左至右，即先左后右。例如，有表达式 x-y+z，则 y 应先与 "-" 号结合，执行 x-y 运算，然后再执行 +z 的运算。这种自左至右的结合方向就称为 "左结合性"。自右至左的结合方向称为

"右结合性"。最典型的右结合性运算符是赋值运算符，如 x=y=z，由于"="的右结合性，因此应先执行 y=z 再执行 x=（y=z）运算。

以上规则可简记为：算术运算符和操作数的结合方向是从左到右，赋值运算符则是从右到左。

2.5.8　类型转换

自动类型转换是编译器根据代码的上下文环境自行判断的结果，但不能满足所有的需求。程序员也可在代码中明确地提出要进行类型转换，这种类型转换称为强制类型转换。自动类型转换是编译器默默地、隐式地进行的一种类型转换，不需要在代码中体现出来；强制类型转换是程序员明确提出的、需要通过特定格式的代码来指明的一种类型转换。

例如：

```
(float) i_a; //将变量i_a 转换为 float 型
(int)(x+y); //把表达式 x+y 的结果转换为 int 型
(double) 100; //将数值 100（默认为int型）转换为 double 型
```

2.6　宏和常量

在编程时，如果会用到恒定不变的值（数值或者字符、字符串等），则可以使用宏或常量，这样可以做到"一改全改，避免输入错误"，提高编程和后期维护的效率。

2.6.1　宏定义

在 C 语言中，可以采用 #define 命令来定义宏。#define 命令是 C 语言中的一个宏定义命令，它用一个标识符定义一个字符串，该标识符被称为宏名，被定义的字符串称为替换文本。在定义了宏之后，无论宏名出现在源代码的何处，预处理器都会把定义时指定的文本替换掉。该命令有两种格式：一种是简单的宏定义（不带参数的宏定义），另一种是带参数的宏定义。简单的宏定义格式如下：

```
#define <宏名/标识符> <字符串>
```

例如：

```
#define PI 3.1415926
```

具体说明如下。

- 宏名一般用大写。
- 宏定义末尾不加分号。
- 使用宏可提高程序的通用性和易读性，减少不一致性和错误输入，便于修改，如数组大小常用宏定义，PI 的数值等。

下面以例【2-15】介绍宏的使用方法。

例【2-15】宏的使用。代码如下：

```
#include <stdio.h>
#define LENGTH 10
#define WIDTH 5
#define NEWLINE '\n'

int main()
{
   int area;
   area = LENGTH * WIDTH;
   printf("value of area : %d", area);
   printf("%c", NEWLINE);

   return 0;
}
```

当上面的代码被编译和执行时，会输出如下结果：

```
value of area : 50
```

2.6.2　常量

常量是固定值，在程序执行期间不会改变，这些固定的值又叫作字面量。常量可以是任何类型的基本数据，如整数常量、浮点常量、字符常量、字符串常量和枚举常量等。常量就像是常规的变量，只不过常量的值在定义后不能修改，下面以例【2-16】进行说明。

例【2-16】常量的使用。代码如下：

```
#include <stdio.h>

int main()
{
   const int  LENGTH = 10;
   const int  WIDTH  = 5;
   const char NEWLINE = '\n';
   int area;
   area = LENGTH * WIDTH;
   printf("value of area : %d", area);
   printf("%c", NEWLINE);

   return 0;
}
```

当上述代码被编译和执行时，输出结果如下：

```
value of area : 50
```

一般把常量定义为大写字母形式，这是一般的编程习惯。

常量与宏的主要区别：define 是宏定义，程序在预处理阶段用 define 定义的内容进行替换，程序运行时，常量表中并没有用 define 定义的常量，因此系统不为它分配内存；const 定义的常量，在程序运行时在常量表中，系统为它分配内存；const 常量有数据类型，而宏没有数据类型。

2.7　运算符与优先级

C 语言内置了丰富的运算符，主要包括算术运算符、关系运算符、逻辑运算符、位运算符、赋值运算符和其他运算符。本节着重对关系运算符和逻辑运算符进行介绍。

2.7.1　关系运算符与优先级

关系运算符是 C 语言中的基本运算符之一，同算术运算符、逻辑运算符一起，被包含在包括 C 语言在内的大多数程序设计语言中。C 语言的关系运算符包括 <、>、<=、>=、== 和 != 6 种。在这 6 种关系运算符中，前 4 个的优先级高于最后两个。

C 语言没有像其他一些编程语言一样提供布尔类型，关系表达式的返回结果是 0（表示假）或 1（表示真）。关系运算符可以用于整型、浮点型、字符型或混合型数据的运算。关系运算符的优先级低于算术运算符，而且是左结合的，对于以下代码：

```
int i_a=1, i_b=2;
```

则有以下结果。

- i_a>i_b：逻辑假，其值为 0。
- i_a>=i_b：逻辑假，其值为 0。
- i_a<i_b：逻辑真，其值为 1。
- i_a<=i_b：逻辑真，其值为 1。
- i_a==i_b：逻辑假，其值为 0。
- i_a!=i_b：逻辑真，其值为 1。

2.7.2　逻辑运算符与优先级

C 语言提供了以下 3 种逻辑运算符。

- 一元：！（逻辑非）。
- 二元：&&（逻辑与）、||（逻辑或）。

以上 3 种逻辑运算符中，逻辑非！的优先级最高，逻辑与 && 次之，逻辑或 || 的优先级最低。C 语言的逻辑运算符及说明如表 2-6 所示。

表 2-6　C 语言的逻辑运算符及说明

运算符	含义	说明	示例
&&	逻辑与	运算符两边的表达式都成立（真）则返回 1，只要有一个不成立（假）则返回 0	(2==3)&&(3==3) 的值为 0 (2<3)&&(3==3) 的值为 1
||	逻辑或	运算符两边的表达式只要有一个成立则返回 1，两边的表达式都不成立时则返回 0	(2==3)||(3==3) 的值为 1 (2<1)||(2==3) 的值为 0
!	逻辑非	运算符后边的表达式成立（真）则返回 0，否则返回 1	!(2==3) 的值为 1 !(2<3) 的值为 0

对于逻辑运算符优先级的问题，逻辑非！的优先级最高，不仅优先于关系运算符，还优先于算

术运算符；其次是逻辑与 &&，逻辑或 ‖ 优先级最低，而逻辑与 && 和逻辑或 ‖ 的优先级低于关系运算符。当一个判断条件表达式中同时出现关系运算符、逻辑运算符、算术运算符时，优先级顺序为：逻辑非 ! > 算术运算符 > 关系运算符 > 逻辑与 && > 逻辑或 ‖ > 赋值 =。下面通过例【2-17】说明。

例【2-17】运行该程序，并分析输出结果。代码如下：

```c
#include<stdio.h>

int main ()
{
    int i_a = 0, i_b = 1, i_c;
    i_c = i_a >= i_b || i_b ++> 1;
    printf("i_a = %d, i_b = %d, i_c = %d\n", i_a, i_b, i_c);

    return 0;
}
```

根据运算符的优先级，表达式 i_a>=i_b‖ i_b++>1 等价于 (i_a>= i_b)‖(i_b++>1)。i_a>= i_b 为假，其值为 0，逻辑或 ‖ 不会发生"短路"。接着计算逻辑或 ‖ 的右操作数 i_b++>1，由于 i_b 是后缀加 1，故先取 i_b 的原值 1 与 1 比较大小，1>1 为假，故逻辑或 ‖ 的右操作数也为假。假 ‖ 假 = 假，故 i_c 的值为 0。执行了一次 i_b++ 运算，i_b 的自身值增加 1，变为 2。运行结果如下：

```
i_a=0, i_b=2, i_c=0
```

2.8　编程规范

编程规范是为研发团队提供编程规范的基础和参考。定义团队的编程规范的作用如下：有助于提高开发速度，使开发人员不需要总是从一些基本原则出发进行决策；有助于增进团队凝聚力；有助于减少在一些小事上产生不必要的争论；有助于团队成员阅读和维护其他成员的代码；有助于开发人员放开手脚，在有意义的方向上发挥创造力，养成良好习惯可培养快速提交高质量的代码的能力。编程规范并非一成不变的，一般应遵循以下几个基本原则。

1. 起始代码缩进

函数或过程的开始、结构的定义及循环、判断等语句中的代码都要使用缩进风格和原则。

- 缩进风格：程序块要使用缩进风格进行编写，缩进的空格数一般为 4 个。
- 不用 Tab 键用空格：避免用不同的编辑器阅读程序时，因 Tab 键所设置的空格数目不同而造成程序布局不整齐。

2. 变量名命名必须准确和精简

变量名一般采用匈牙利命名法，在变量名和函数名中加入前缀，以增进人们对程序的理解。基本原则是：变量名 = 属性（g 为全局变量，s 为静态变量）+ 变量类型（如字符型 c，整型 i，字符串型 s，指针 p 等）+ 对象描述（如最大值，max）。其中每一个对象的名称都要求有明确含义，可以取对象名字的全称或名字的一部分，例如 i_max 定义了一个整型的最大值。

3. 代码行作用限制

一行代码限定做一件事情，如定义变量或者赋值，这样代码容易阅读，便于写注释。其次是

if、else、for、while、do 等语句各占一行，执行语句不得紧跟其后。此外，非常重要的一点是，不论执行语句有多少行也要加上 {}，并且遵循对齐和缩进的原则。

4. 空行分隔

起着分隔程序段落的作用，提高程序易读性。一般在定义变量结束后写语句之前加空行。在定义变量的同时初始化该变量，遵循就近原则。如果变量的引用和定义相隔较远，那么变量的初始化就很容易被忘记。另外，每个函数定义结束之后都要加空行。总的规则是两个相对独立的程序块、变量说明之间必须要加空行，这样程序看起来更清晰易懂。

5. 成对书写

成对的符号一定要成对书写，如 ()、{}。不要写完左括号然后在最后才来补右括号，这样很容易漏掉右括号。有些编程工具会在写左括号的时候自动加上右括号。

6. 加注释

注释有助于对程序的阅读和理解，在该加的地方都加，注释不宜太多也不能太少，注释语言必须准确、易懂、简洁。**一般情况下，源程序有效注释量必须在 20% 以上。边写代码边注释，修改代码同时要修改相应的注释，以保证注释与代码的一致性。不再用的注释要及时删除。另外，除非必要，不应在代码或表达中间插入注释，否则容易使代码可理解性变差。全局变量要有较详细的注释，包括其功能、取值范围、哪些函数或过程存取它，以及存取时的注意事项及说明等。**

2.9　编程实例

下面通过一些编程实例进一步掌握和巩固本章所学内容。

2.9.1　浮点数交换

输入并交换两个浮点数的值，下面以例【2-18】进行说明。

例【2-18】两个浮点数的数值交换。代码如下：

```
int main()
{
    double f_first, f_second, f_temp;

    printf("输入第一个数字: ");
    scanf("%lf", &f_first);
    printf("输入第二个数字: ");
    scanf("%lf",&f_second);
    // 将第一个数的值赋值给 f_temp
    f_temp = f_first;
    // 第二个数的值赋值给f_first
    f_first =f_second;
    // 将f_temp赋值给 f_second
    f_second = f_temp;
    printf("\n交换后, f_first = %.2lf\n", f_first);
    printf("交换后, f_second = %.2lf", f_second);

    return 0;
}
```

编译运行，结果如下：

```
输入第一个数字: 5
输入第二个数字: 6
交换后，i_first = 6.00
交换后，i_second = 5.00
```

2.9.2　浮点数相乘

输入两个浮点数，并计算乘积，下面以例【2-19】进行说明。

例【2-19】计算浮点数乘积。代码如下：

```c
#include <stdio.h>

int main()
{
    double d_first, d_second, d_product;

    printf("输入两个浮点数: ");
    //用户输入两个浮点数
    scanf("%lf %lf", & d_first, & d_second);
    //两个浮点数相乘
    d_product = d_first * d_second;
    //输出结果，%.2lf 保留两个小数点
    printf("结果 = %.2lf", d_product);

    return 0;
}
```

编译运行，结果如下：

```
输入两个浮点数: 1.2 1.3
结果 = 1.56
```

在 Qt 编译运行过程中，如果无法弹出命令行窗口输入数据，可通过以下 3 个步骤解决：单击【项目】按钮，单击【Run】按钮，勾选【Run int terminal】复选框，如图 2-10 所示。

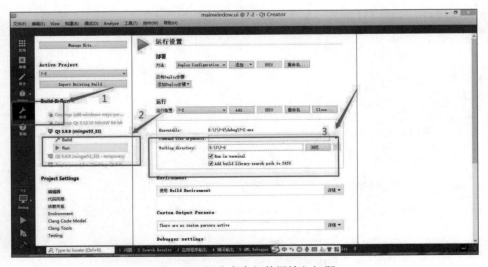

图 2-10　解决命令行数据输入问题

2.10　习题

（1）输入一个字符，并转换成 ASCII 值输出。

（2）输入两个整数，并输出相加结果。

（3）输入一个浮点数，并使用 printf() 函数与 %f 输出控制符输出。

（4）输入一个两位数，并对十位数取整和取余输出十位数和个位数。

（5）输入一个三位数，并分别对百位数取整，对十位数取整和取余输出百位数、十位数和个位数。

第3章

流程图

流程图（Flowchart）是一种使用图形表示算法的方法。本章主要介绍流程图的组成符号，以及流程图的绘制过程。

【目标任务】

掌握流程图及其绘制过程。

【知识点】

- 流程图的各个组成符号。
- 流程图的绘制过程。

3.1 流程图符号组成

流程图是对某一个问题进行定义、分析的图形表示方法，流程图中用各种符号来表示操作、数据、流向及装置等。一张简明的流程图，不仅能促进产品经理与设计师、开发者的交流，还能帮助查漏补缺，避免功能流程、逻辑上出现遗漏，确保流程的完整性。流程图能让开发者思路更清晰、逻辑更清楚，有助于实现程序的逻辑和帮助开发者有效解决实际问题。

流程图中有各种符号，下面对各种符号进行解释和说明。

- 开始与结束：用圆角矩形或者扁圆形表示，在程序流程图中作为起始框或者结束框，"开始"或"结束"写在符号内，或者用"Start"和"End"表示。
- 进程或者活动：用矩形表示，常用来表示过程中的一个单独的步骤，进程和活动的简要说明写在矩形内。
- 判断或分支：用菱形表示，常用来表示过程中的一项判定或一个分岔点，判定或分岔点的说明写在菱形内，常以问题的形式出现；对该问题的回答决定了判断符号之外引出的路线方向，每条路线标上相应的回答；判断框最多可以有3条分支，除去连接上面程序的一个角，其余三个角各可连出一条分支，但分支要注明条件。
- 输入数据：用平行四边形表示，一般表示输入数据，或处理确定的数据。
- 流线：用来表示步骤在流程中的进展，流线的箭头表示一个过程的流程方向。

- 文件：用来表示属于该过程的书面信息，文件的题目或说明写在符号内。
- 存储数据：表示数据保存的地方，用来存储数据。
- 数据库：文件或档案的存储。

常见流程图符号及图例如表 3-1 所示。

表 3-1 常见流程图符号及图例

符号	图例	符号	图例
开始与结束		流线	
进程或者活动		文件	
判断或分支		存储数据	
输入数据		数据库	

3.2 流程图绘制

流程图可以简单地描述一个过程，是对过程、算法、流程的一种图形表示，在技术设计、交流及商业简报等领域有广泛的应用。程序流程图是人们对解决问题的方法、思路或算法的一种描述。流程图有以下优点：采用简单规范的符号，画法简单；结构清晰，逻辑性强；便于描述，容易理解。常用的流程图绘制软件有以下几种。

- Axure 主要用来进行软件原型线框设计，同时具有流程图绘制功能，特点是非常简洁易用。
- Visio 是当今最优秀的绘图软件之一，是微软公司推出的非常传统的流程图绘制软件，经常用它来绘制工作流程图。
- SmatDraw 是世界上最流行的商业绘图软件之一，可以用它来画流程图、甘特图、时间图等不同形式的商业图表。使用 SmartDraw，每个人都能很轻松地绘制具有专业水准的商业图。
- 亿图图示专家（EDraw Max）是一款基于矢量的绘图工具，包含大量的事例库和模板库。使用亿图图示专家可以很方便地绘制各种专业的业务流程图、组织结构图、商业图表、程序流程图、数据流程图、工程管理图、软件设计图、网络拓扑图等。

下面以 Visio 2016 为例，介绍绘制流程图的过程。启动 Visio 2016 后，界面如图 3-1 所示，下面介绍绘制流程图的基本过程，具体过程如下。

（1）新建一个 Visio 文档，打开文档，单击【流程图】图标，右侧的区域就会出现 9 种流程图类型，如图 3-2 所示，单击【基本流程图】图标。

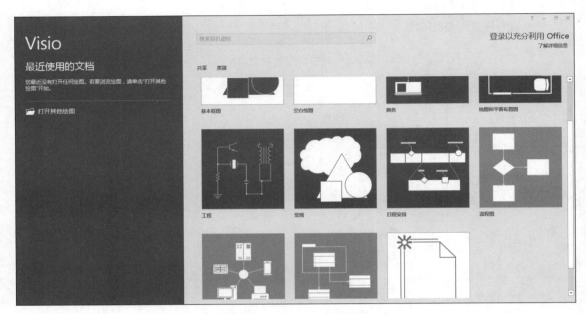

图 3-1　Visio 2016 启动界面

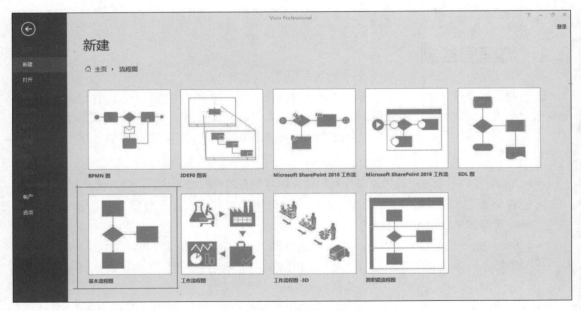

图 3-2　流程图类型

（2）在弹出的窗口中选择垂直流程图，单击【创建】按钮，如图 3-3 所示。

（3）系统新建一个流程图模板，如图 3-4 所示，可以在上面进行增加和删除等操作。

（4）软件操作界面如图 3-5 所示，从左侧可以拖入流程图符号，从顶部可以加入文本和连接线。单击箭头，可以对箭头指向进行修改。如果需要删除符号，可将其选中，然后按 Delete 键删除。

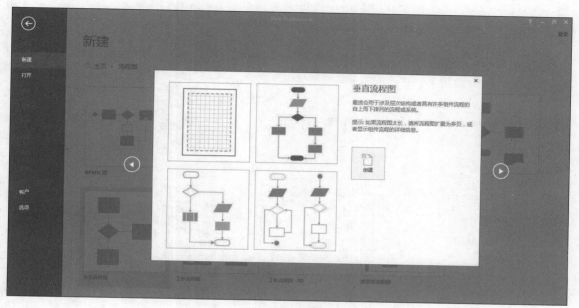

图 3-3　垂直流程图

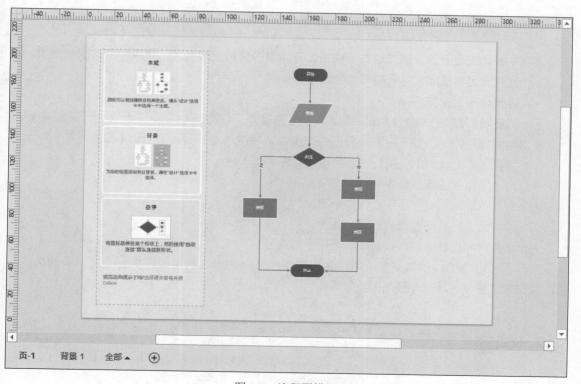

图 3-4　流程图模板

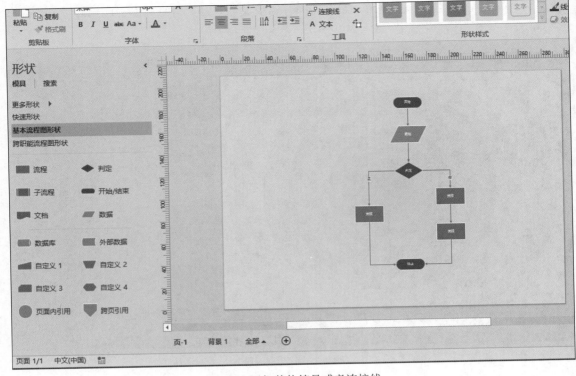

图 3-5　添加其他符号或者连接线

画流程图时需要注意以下问题。

- 从开始符号开始，以结束符号结束。开始符号只能出现一次，结束符号可出现多次。若流程图足够清晰，可省略开始和结束符号。
- 连接线不要交叉。
- 当各项步骤有选择或决策结果时，需要认真检查，避免出现漏洞，导致流程无法形成闭环。
- 绘制流程图时，为了提高流程图的逻辑性，应按从左到右、从上到下的顺序排列，而且可以在每个元素上用阿拉伯数字进行标注。
- 同一路径下的指示箭头应只有一个。
- 相同流程图符号大小需要保持一致。
- 并行关系的处理可以放在同一高度。
- 必要时应进行标注，以此来清晰地说明流程。

流程图可以让工作步骤更加清晰，让人更快地明白要表达的意图，相较于大篇幅的文字而言，流程图能够节省时间，提高工作效率。

3.3　习题

用 Visio 或者其他软件绘制一个简单的流程图。

第4章

顺序、分支和循环结构

C 语言程序中的 3 种基本结构为顺序结构、分支结构和循环结构。本章主要结合流程图，介绍 3 种基本结构的原理和具体用法。

【目标任务】

掌握 C 语言程序的 3 种基本结构的原理和具体用法，以及流程图的绘制方法。

【知识点】

- 顺序结构原理及具体用法。
- 分支结构原理及具体用法。
- 循环结构原理及具体用法。
- 循环的跳出。
- 3 种基本结构流程图的绘制。

4.1 顺序结构

所谓顺序结构，就是程序从 main 语句开始，从上到下依次执行每一条语句，直到执行完毕。

例【4-1】使用 sizeof 操作符计算 int、float、double 和 char 4 种类型变量所占字节大小。

这个例子代码比较简单，先定义 4 种类型的变量，然后通过 sizeof 操作符计算得到 4 种类型的变量所占字节的大小，具体代码如下：

```
#include <stdio.h>

int main()
{
    int i_a;
    float f_b;
    double d_c;
    char ch_d;

    //sizeof 操作符用于计算变量的字节大小
    printf("Size of int: %ld bytes\n",sizeof(i_a));
```

```
    printf("Size of float: %ld bytes\n",sizeof(f_b));
    printf("Size of double: %ld bytes\n",sizeof(d_c));
    printf("Size of char: %ld byte\n",sizeof(ch_d));

    return 0;
}
```

例【4-1】的流程图比较简单，如图 4-1 所示。

4.2　分支结构

在很多情况下，只有顺序结构的代码是远远不够的，例如判断一个数是奇数还是偶数。这时程序就需要做出判断，并给出提示。

分支结构要求程序员指定一个或多个要评估或测试的条件，以及条件为真时要执行的语句（必需的）和条件为假时要执行的语句（可选的）。C 语言把任何非零和非空的值假定为 true，把零或空值（NULL）假定为 false，基本分支语句及描述如表 4-1 所示。

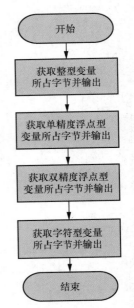

图 4-1　例【4-1】的流程图

表 4-1　基本分支语句及描述

语句	描述
if 语句	一个 if 语句由一个布尔表达式后跟一个或多个语句组成
if...else 语句	一个 if 语句后可跟一个可选的 else 语句，else 语句在布尔表达式为假时执行
if...else if 语句	可以在一个 if 或 else if 语句内嵌套另一个 if 或 else if 语句
switch 语句	一个 switch 语句允许测试一个变量等于多个值时的情况

下面通过例子来对基本分支语句进行说明。

4.2.1　if 语句

下面先对 if 语句进行说明。

if 语句格式如下：

```
if(表达式) 语句;
```

语义是：如果表达式的值为真，则执行其后的语句，否则不执行该语句；语句可以是单条语句，也可以是通过 {} 构成的复合语句。

下面的例【4-2】用于判断字符变量是否是字母或数字，要用到 isalnum() 函数，先对其进行介绍。在 C 语言中，isalnum() 函数用于判断一个字符是否是字母（包括大写字母和小写字母）或数字（0 ～ 9）。这个函数需包含头文件 ctype.h。

其语法如下：

```
int isalnum(int c);
```

其中，参数 c 表示要检测的字符。

返回值非 0（真）表示 c 是字母或者数字，返回值为 0（假）表示 c 既不是数字也不是字母。

例【4-2】判断字符变量是否是字母或数字。代码如下：

```
#include <stdio.h>
#include <ctype.h>

int main()
{
    char ch_c='a';

    if (isalnum(ch_c))
        printf("%c is a character. \n",ch_c);

    return 0;
}
```

编译运行，结果如下：

```
a is a character.
```

在这个程序中，先判断 a 是否为字母或者数字，是则输出 a 是字母或者数字，否则继续执行。例【4-2】的流程图如图 4-2 所示。

例【4-3】输入两个整数，比较并输出其中的较大者。代码如下：

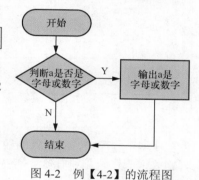

图 4-2　例【4-2】的流程图

```
#include<stdio.h>

int main()
{
    int i_a,i_b,i_max;

    printf("\ninput two numbers:");
    scanf("%d%d",&i_a,&i_b);
    i_max=i_a;
    if(i_max<i_b)i_max=i_b;
        printf("i_max=%d\n",i_max);

    return 0;
}
```

4.2.2　if ... else 语句

if ... else 语句格式如下：

```
if ( 表达式 )
     语句1;
else
     语句2;
```

语义是：如果表达式的值为真，则执行语句 1，否则执行语句 2；语句 1 和语句 2 可以是通过 { } 构成的复合语句。

先看下面的例【4-4】。

例【4-4】判断用户输入的整数是奇数还是偶数。代码如下：

```
#include <stdio.h>

int main()
{
    int i_num;

    printf("请输入一个整数: ");
    scanf("%d", &i_num);

    // 判断这个数除以 2 的余数
    if(i_num % 2 == 0)
        printf("%d 是偶数。", i_num);
    else
        printf("%d 是奇数。", i_num);

    return 0;
}
```

编译运行，结果如下：

```
请输入一个整数: 6
6 是偶数。
```

在这个程序中，对输入的数据进行判断，如果是偶数则判别式取真，输出是偶数；否则判别式取假，输出为奇数。与例【4-2】不同的是，这个例子无论判别是真还是假，都要分别执行相应的语句。

例【4-4】的流程图如图 4-3 所示。

if...else 语句与三目运算符相同，所谓三目运算符，即 a?b:c 意为有 3 个参与运算的量。由条件运算符组成条件表达式的一般形式为：

表达式 1? 表达式 2：表达式 3

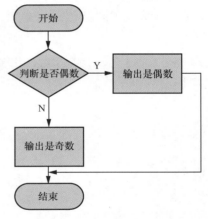

图 4-3　例【4-4】的流程图

其求值规则为：如果表达式 1 的值为真，则以表达式 2 的值作为条件表达式的值，否则以表达式 3 的值作为整个条件表达式的值。条件表达式通常用于赋值语句中。

例如，有如下条件语句：

```
if(a>b) max=a;
else max=b;
```

与下面的三目运算符语句等同：

```
(a>b)?max=a:max=b;
```

上面的例【4-4】写成下面的语句也可以：

```
#include<stdio.h>

int main()
```

```
{
    int i_num;

    printf("输入一个数字 : ");
    scanf("%d",& i_num);
    (i_num%2==0)?printf("i_num是偶数"):printf("i_num是奇数");

    return 0;
}
```

4.2.3　if...else if 语句

if...else if 语句一般形式为：

```
if（表达式1）
    语句1;
    else if（表达式2）
         语句2;
       else if（表达式3）
             语句3;
             ...
          else if（表达式m）
                语句m;
             else
                语句n;
```

语义是：依次判断表达式的值，当出现某个值为真时，则执行其对应的语句，然后跳到整个 if 语句外继续执行程序；如果所有的表达式的值均为假，则执行语句 n，然后继续执行后续程序。下面通过例【4-5】进行说明。

例【4-5】判断用户输入的字符是否是控制符，如果不是控制符，则判断是否是数字；如果不是数字，则判断是否是大写字母；如果不是大写字母，则判断是否是小写字母；如果不是小写字母，则是其他字符。

例【4-5】的流程图如图 4-4 所示。

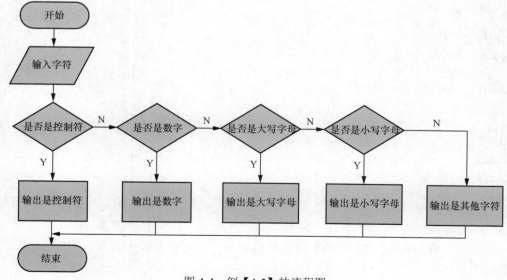

图 4-4　例【4-5】的流程图

　　该程序的具体实现语句如下：

```
#include <stdio.h>

int main()
{
char ch_a;

    printf("input a character:");
    ch_a =getchar();
    if(ch_a <32)
        printf("This is a control character\n");
    else if(ch_a >='0'&& ch_a <='9')
            printf("This is a digit\n");
        else if(ch_a>='A'&&ch_a<='Z')
                printf("This is a capital letter\n");
            else if(ch_a>='a'&&ch_a<='z')
                    printf("This is a small letter\n");
                else
                    printf("This is an other character\n");

    return 0;
}
```

　　if 条件控制语句的形式是多种多样的，如 if 嵌套、if...if 类似的形式，但是都离不开上面介绍的 3 种基本形式。应特别注意的是，**如果有多个 if 语句，else 子句是就近配对的**。if 语句比较灵活，需要在深入理解的基础上活学活用。

4.2.4　switch 语句

　　虽然 C 语言没有限制 if...else 语句能够处理的分支数量，但当分支过多时，用 if...else 语句处理会不太方便，而且容易出现 if 和 else 配对出错的情况。相对而言，switch 语句的语法更容易读写。

　　switch 语句格式如下：

```
switch(expression)
{
case constant1:
//分支语句
break;
case constant2:
//分支语句
break;
...
default:
//默认语句
}
```

　　switch 语句具体工作原理如下。

- switch 语句中的 expression 是一个常量表达式，必须是一个整型、字符型或枚举类型（列举出所有的类型，具体见第 9 章）。
- 在一个 switch 语句中可以有任意数量的 case 语句。每个 case 后跟一个要比较的值和一个冒号。

- case 语句中的 constant-expression 必须与 switch 语句中的变量具有相同的数据类型，且必须是一个常量或字符量。
- 当被测试的变量等于 case 语句中的常量时，case 语句后面的语句将被执行，直到遇到 break 语句为止。
- 当遇到 break 语句时，switch 语句终止，控制流将跳转到 switch 语句后的下一行。
- 不是每一个 case 语句都需要包含 break 语句，如果 case 语句不包含 break 语句，控制流将会继续执行后续的 case 语句，直到遇到 break 语句为止。
- 一个 switch 语句可以有一个可选的 default case 语句，出现在 switch 语句的结尾。default case 语句可用于在上面所有 case 语句都不为真时执行一个任务。default case 语句中的 break 语句不是必需的。

下面通过例【4-6】进行说明。

例【4-6】简易计算器，先输入 +、−、*、/ 4 个运算符中的一个，然后输入两个浮点数，最后输出计算结果。代码如下：

```
#include <stdio.h>

int main()
{
    char operator;
    double n1, n2;

    printf("输入一个运算符 (+, -, *, /): ");
    scanf("%c", &operator);
    printf("输入两个操作数: ");
    scanf("%lf %lf", &n1, &n2);

    switch (operator)
    {
        case '+':
            printf("%.1lf + %.1lf = %.1lf", n1, n2, n1 + n2);
            break;

        case '-':
            printf("%.1lf - %.1lf = %.1lf", n1, n2, n1 - n2);
            break;

        case '*':
            printf("%.1lf * %.1lf = %.1lf", n1, n2, n1 * n2);
            break;

        case '/':
            printf("%.1lf / %.1lf = %.1lf", n1, n2, n1 / n2);
            break;

        // 没有匹配到任何运算符（ +, -, *, /）
        default:
        printf("错误！ 运算符不正确");
    }

    return 0;
}
```

编译运行，可得到以下类似结果：

```
输入一个运算符(+, -, *,/): +
输入两个操作数:10
20
10.0+20.0=30.0
```

例【4-6】的流程图如图 4-5 所示。

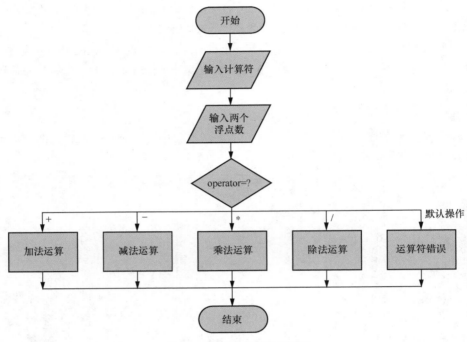

图 4-5   例【4-6】的流程图

4.3   循环结构

在有些时候，可能需要多次执行同一个语句或者语句块。编程语言提供了循环结构以达到这个目的，循环结构允许多次执行同一个语句或语句块。C 语言中的循环类型及描述如表 4-2 所示，下面将对各个循环类型进行详细介绍。

表 4-2   C 语言中的循环类型及描述

循环类型	描述
for 循环	多次执行同一个语句或者语句块
while 循环	先判断循环条件，如果为真，重复执行语句或语句块（循环主体），然后继续判断是否执行，否则什么也不执行
do...while 循环	先执行循环主体，结尾再测试循环条件，测试为真继续循环，否则执行下一个语句
嵌套循环	可以在 while、for 或 do...while 循环内使用一个或多个循环

4.3.1　循环类型

C 语言中主要有 4 种类型的循环，下面分别对这些循环进行说明。

1. for 循环

for 循环一般用来编写指定次数的循环，当然也可以用于编写不确定次数的循环。C 语言中 for 循环的基本语法如下：

```
for （ 初始化语句；执行条件；变量改变语句)
{ 循环执行语句; }
```

在 for 后面的 () 中，用两个 ";" 隔开的 3 个子语句，分别是初始化语句、执行条件、变量改变语句（3 个子语句可为空，但 ; 必须保留），下面是对 for 循环语句的详细解释。

（1）初始化语句会先被执行一次。这一步允许声明并初始化任何循环控制变量，也可以不在这里写任何语句，只要有一个分号出现即可。

（2）接下来会判断执行条件。如果为真，则执行循环体；如果为假，则不执行循环体，且控制流会跳转到紧接着 for 循环的下一条语句。"循环体"就是花括号 {} 中的内容。

（3）在执行完一次循环体后，控制流会跳回上面的变量改变语句。该语句允许更新循环控制变量。该语句可以留空，只要在执行条件后有一个分号即可。

（4）执行条件再次被判断。如果为真，则再次执行循环体，这个过程会不断重复（执行循环体，然后增加步值，再重新判断执行条件）。在执行条件变为假时，for 循环终止。

下面通过例【4-7】进一步说明。

例【4-7】求 1+2+3+4+…+100 的总和。代码如下：

```
# include <stdio.h>
const int  LOOP = 100;
int main(void)
{
    int i_STEP;
    int i_sum = 0; //sum保存总和
    for (i_SETUP = 1; i_SETUP <= LOOP; i_SETUP++)
    //++为自加， ++i相当于在循环后i_SETUP = i_SETUP + 1
    {
        i_sum += i_SETUP;  /*等价于i_sum = i_sum + i_SETUP*/
    }
    printf("i_sum = %d\n", i_sum);

    return 0;
}
```

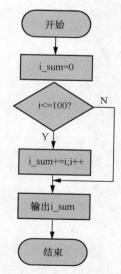

图 4-6　例【4-7】的流程图

编译运行，结果如下：

```
i_sum = 5050
```

例【4-7】的流程图如图 4-6 所示。

如果要得到 1 ～ 100 的奇数之和，只需要将变量改变语句 i++ 修改为 i=i+2。或者去掉变量改变语句，在循环体中增加 i=i+2，代码如下：

```
for (i = 1; i<= LOOP;)
{
    i_sum += i;    /*等价于i_sum = i_sum + i*/
    i = i + 2;
 }
```

有时候因为程序需要，初始化语句在 for 语句之前执行也可以，此时代码变为：

```
i = 1;
for (; i <= LOOP; i++)  //++为自加，++i相当于在循环后i = i + 1
{
    i_sum += i;   /*等价于i_sum = i_sum + i*/
}
```

有时也可以同时初始化多个变量，但中间要用 "," 隔开，例如：

```
int j = i = 1;
for (i = 1, j = 1; i <= LOOP; i++, j++) //++为自加，++i相当于在循环后 i = i + 1
{
    i_sum += i;   /*等价于i_sum = i_sum + i*/
}
```

初学者最常见错误是：在 for（初始值；条件；变量）结束后，不写循环执行语句，直接写 ";"，导致具体的循环语句没有执行。

下面通过例【4-8】说明 for 循环。

例【4-8】计算斐波那契数列的第 30 个数。

斐波那契数列（Fibonacci）：前两个数都为 1，从第三个数开始，值为前两个数之和。

思想：前两个数为 1，先定义前两个变量 i_a，i_b；第三个数为前两个数之和，定义第三个变量 i_c，i_c= i_a+ i_b；现在有 3 个变量，为了避免冗余，把第二个数的值赋给 i_a，第三个数的值赋给 i_b，i_c= i_a+ i_b 得到第四个数，以此类推。

具体代码如下：

```
#include <stdio.h>
const int LOOP = 30;
int main()
{
    long int i_a = 1;
    long int i_b = 1;
    long int i_c;

    for (int i = 0; i <LOOP - 2; i++)
    {
        i_c = i_a + i_b; //计算第三个数
        i_a = i_b; //将原来的第一个数后移
        i_b = i_c; //将原来的第二个数后移
    }
    printf("%d ", i_c);

    return 0;
}
```

编译运行，结果如下：

2. while 循环

只要给定的条件为真，C 语言中的 while 循环语句就会重复执行一个目标语句，具体格式如下：

```
while ( 条件 )
{
  语句1;
  语句2;
  ...
}
```

具体规定如下：如果条件为真，就会执行循环体中的语句，然后再次判断条件，重复上述过程，直到条件不成立就结束 while 循环。

while 循环的特点为：如果 while 语句中的条件一开始就不成立，那么循环体中的语句永远不会被执行。

下面通过例【4-9】说明。

例【4-9】通过 while 循环统计 1 ～ 100 的和。代码如下：

```
# include <stdio.h>
const int   LOOP = 100;

int main(void)
{
    int i=1;
    int i_sum = 0;  //sum的中文意思是总和
    while(i <= LOOP)
    {
        i_sum += i;  /*等价于i_sum = i_sum+i*/
        i++;  //++为自加，++i相当于在循环后i = i + 1
    }
    printf("i_sum = %d\n", i_sum);
    return 0;
}
```

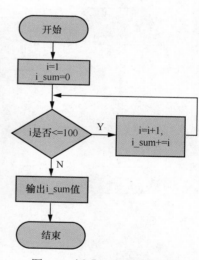

图 4-7　例【4-9】的流程图

这个程序的输出结果与例【4-7】相同，这里不再列出，流程图如图 4-7 所示。

对比图 4-6 和图 4-7，可以说明，在 C 语言中，for 循环是一种基本的循环，while 循环是它的一种变体，有时候两者可以互换。下面通过例【4-10】说明。

例【4-10】输入一行字符（以回车作为结束），分别统计出其中英文字母、空格、数字和其他字符的个数。代码如下：

```
#include<stdio.h>

int main()
{
    char c;
    int i_letters=0,i_spaces=0,i_digits=0,i_others=0;
```

```
    printf("请输入一些字符: \n");
    while((c=getchar())!='\n')
    {
        if((c>='a'&&c<='z')||(c>='A'&&c<='Z'))
            i_letters++;
        else if(c>='0'&&c<='9')
            i_digits++;
        else if(c==' ')
            i_spaces++;
        else
            i_others++;
    }
    printf("字母=%d,数字=%d,空格=%d, 其他=%d\n", i_letters, i_digits, i_spaces, i_others);

    return 0;
}
```

例【4-10】的流程图如图 4-8 所示。

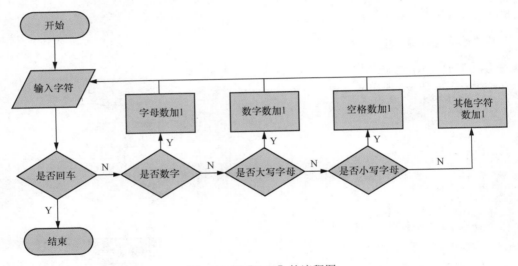

图 4-8 例【4-10】的流程图

编译运行，结果如下：

```
请输入一些字符:
abc 123
字母=3,数字=3,空格=1,其他=0
```

3. do...while 循环

do...while 循环适用于"重复操作直到条件不成立为止"的循环控制结构，因而常被称作直到型循环。其一般格式如下：

```
do
{
        循环体: //一条或多条 C 语句
}
while (condition);
```

do...while 循环在执行循环体之后才检查 condition 表达式的值，所以 do...while 循环的循环体至少执行一次。

与 while 循环一样，要确保 do...while 循环的循环体部分修改了 condition 中的某个变量，从而改变 condition 的判断结果，能够结束循环，否则循环将永远重复下去，成为"死循环"。下面通过例【4-11】进行讲解。

例【4-11】统计十进制正整数 n 转换为二进制数后，其二进制序列中包含的 1 和 0 的个数。

这个例子相对较难，先理解转换过程。将十进制正整数 n 转换成二进制数，一般采用"除 2 取余，倒序输出"的方法，即用 2 整除十进制整数，可以得到一个商和余数；再用 2 去除商，又会得到一个商和余数。如此反复进行，直到商小于 1，然后把先得到的余数作为二进制数的低位有效位，后得到的余数作为二进制数的高位有效位，依次排列起来。本例中，n 的初始值取 69，69 一直除以 2，得到的余数逆序排列为 1000101，如图 4-9 所示，由此得到 69 转二进制数为 1000101。

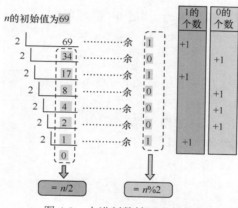

图 4-9　十进制数转二进制数

程序代码如下：

```c
#include <stdio.h>

int main( )
{
    int i_a=69, i_s1=0, i_s0=0;

    do
    {
        if(i_a%2==1)
            i_s1++; //余数为1，则s1加1
        else
            i_s0++; //余数为0，则s0加1
        i_a/=2; //i_a= i_a /2
    }
    while(i_a!= 0); //非0，则重复 "除2取余" 转换
    printf("二进制序列中1的个数是: %d\n", i_s1);
    printf("二进制序列中0的个数是: %d\n", i_s0);

    return 0;
}
```

编译运行，结果如下：

```
二进制序列中1的个数是：3
二进制序列中0的个数是：4
```

例【4-11】的流程图如图 4-10 所示。

4. 嵌套循环

C 语言允许在一个循环内使用另一个循环，循环结构跟分支结构一样，都可以实现嵌套。对于嵌套的循环结构，执行顺序是从内到外，即先执行内层循环，再执行外层循环，下面通过例【4-12】说明。

例【4-12】打印九九乘法表。

在这个例子中，内层 for 循环每循环一次输出一行数据，外层 for 循环每循环一次输出一行数据。需要注意的是，内层 for 循环的结束条件是 i_b>i_a。外层 for 循环每循环一次，i_a 的值就会变化，所以每次执行内层 for 循环时，结束条件是不一样的，具体如下。

- 当 i_a=1 时，内层 for 循环的结束条件为 i_b>1，内循环进行一次，输出一行。
- 当 i_a=2 时，内层 for 循环的结束条件是 i_b>2，内循环进行两次，输出两行。
- 当 i_a=3 时，内层 for 循环的结束条件是 i_b>3，内循环进行三次，输出三行。
- 当 i_a=4，5，6…时，以此类推。

程序代码如下：

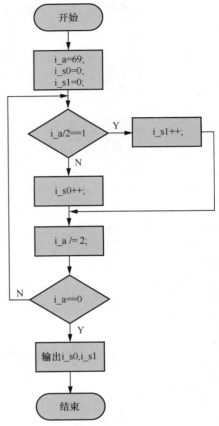

图 4-10　例【4-11】的流程图

```c
#include <stdio.h>

int main()
{
    for (int i_a = 1; i_a <= 9; i_a++)
    {
        for (int i_b = 1; i_b <= i_a; i_b++)
        {
            printf("%d * %d = %-4d", i_a, i_b, i_a * i_b);
        }
        printf("\n");
    }

    return 0;
}
```

另外有两点需要注意：首先是 %-4d，这里的 – 表示左对齐，因为默认是右对齐，里面的 4 表示占 4 个字符；其次是在每一次循环结束之后会打印一个回车符号以换行。执行结果如下：

```
1*1=1
2*1=2    2*2=4
3*1=3    3*2=6    3*3=9
4*1=4    4*2=8    4*3=12   4*4=16
5*1=5    5*2=10   5*3=15   5*4=20   5*5=25
6*1=6    6*2=12   6*3=18   6*4=24   6*5=30   6*6=36
7*1=7    7*2=14   7*3=21   7*4=28   7*5=35   7*6=42   7*7=49
8*1=8    8*2=16   8*3=24   8*4=32   8*5=40   8*6=48   8*7=56   8*8=64
9*1=9    9*2=18   9*3=27   9*4=36   9*5=45   9*6=54   9*7=63   9*8=72   9*9=81
```

例【4-13】阶乘之和，计算 1!+2!+3!+…+10! 的值。

该程序内层循环用于计算每个数的阶乘，外层循环用于计算各个数的阶乘之和，程序代码如下：

```c
#include <stdio.h>

int  main()
{
    int i_a, i_b, i_c;
    int i_sum = 0;

    for(i_a = 1; i_a <= 10; i_a++) //控制1~10个数字
    {
        for(i_b=1,i_c=1;i_b<=i_a;i_b++) //得到每个数的阶乘
        {
            i_c=i_b*i_c;
        }
        i_sum+=i_c; //把结果累加在i_sum中
    }
    printf("%d",i_sum);

    return 0;
}
```

编译运行，结果如下：

```
4037913
```

计算阶乘时，有一个值得注意的问题：由于 C 语言中整型数据的长度为 32 位，因此可以表示的最大无符号整数为 $2^{32}-1=4\,294\,967\,296$。当计算阶乘时，13 的阶乘已超出这个数。

4.3.2　循环控制语句

在多路分支的 switch 语句中，break 语句表示跳出整个 switch 语句块。break 语句的这个功能，在 for、while、do...while 语句块中，主要用于中断目前的循环。continue 语句的作用与 break 语句类似，主要用于循环，不同的是 break 语句会结束整个程序循环的执行，而 continue 语句只会结束其之后的循环语句，并跳回循环的开头继续下一个循环，而不是离开循环。

简而言之，二者的区别是：continue 语句只结束本次循环，而不是终止整个循环；break 语句则是结束整个循环，不再判断执行循环的条件是否成立。而且，continue 语句只能在循环语句中使用，即只能在 for、while 和 do...while 循环中使用，除此之外，continue 语句不能在任何语句中使用。

例【4-14】判断一个数是不是素数。

所谓素数（也称质数），是指在大于 1 的自然数中，除了 1 和它本身以外不再有其他因数的自然数。因此，判断一个整数 m 是否是素数，只需用 m 除以 $2 \sim m-1$ 之间的每一个整数，如果都不能被整除，那么 m 就是一个素数。但实际如果 m 能被 $2 \sim m-1$ 之间任一整数整除，其两个因数必定有一个小于或等于 $\sqrt{m}$，另一个大于或等于 $\sqrt{m}$。程序代码如下：

```c
#include <stdio.h>
#include <math.h> //需包含math数学库，通过sqrt()函数进行开平方计算

int main()
{
    int i_m,i,i_k;

    printf("请输入一个整数: ");
    scanf("%d",&i_m);
    i_k=(int)sqrt(i_m);
    for(i=2;i<=i_k;i++)
        if(i_m%i==0)
            break; //能整除则跳出整个循环
    if(i<=i_k)
        printf("%d 不是素数。\n",i_m);
    else
        printf("%d是素数。\n",i_m);

    return 0;
}
```

编译运行，结果如下：

```
请输入一个整数: 11
11是素数。
```

例【4-15】输入字符并输出，如果是回车就退出循环，按 Esc 键则不输出，继续输入下一个字符，程序代码如下：

```c
#include <stdio.h>

int main( )
{
    char c_a;

while(c_a!=13)  /*如果回车就退出循环，其中13是回车字符对应的ASCII码*/
{
        c_a=getch(); //输入字符
        if(c_a==0X1B) //0X1B是ESC键对应的ASCII码
            continue; /*若按Esc键则不输出，否则进行下一次循环*/
        printf("%c\n",c_a); //输出该字符
    }

    return 0;
}
```

编译运行，结果如下：

```
1
2
```

4.3.3　循环综合应用

下面继续通过例题进行加强和巩固。

例【4-16】输入某年某月某日，判断这一天是这一年的第几天。

本例应特别注意闰年的判断。闰年的判断条件为：如果不能被 100 整除，就必须被 4 整除，或者能被 400 整除。程序代码如下：

```c
#include<stdio.h>

int main()
{
    int year,month,day,sum;

    printf("请输入您想查询的年月日(使用英文逗号隔开): \n");
    scanf("%d,%d,%d",&year,&month,&day);
    if(month>12||day>31||month<0||day<0||year<0)
    {
        printf("您输入的日期不合法");
        return 1;
    }

    switch(month)
    {
        case 1: sum=day;break;
        case 2: sum=31+day;break; //29
        case 3: sum=60+day;break;
        case 4: sum=91+day;break;
        case 5: sum=121+day;break;
        case 6: sum=152+day;break;
        case 7: sum=182+day;break;
        case 8: sum=213+day;break;
        case 9: sum=244+day;break;
        case 10:sum=274+day;break;
        case 11:sum=305+day;break;
        case 12:sum=335+day;break;
        default: printf("请输入正确的日期");break;
    }
    if(month<3)
    {
        printf("%d年%d月%d日是这年的第%d天",year,month,day,sum);
    }
    //是4的公倍数，但不是100的公倍数，或者是400的公倍数为闰年
    else if((year%4==0&&year%100!=0)||year%400==0)
        {
            printf("%d年%d月%d日是这年的第%d天",year,month,day,sum);
        }
        else
            printf("%d年%d月%d日是这年的第%d天",year,month,day,sum-1);

    return 0;
}
```

编译运行，结果如下：

```
请输入您想查询的年月日(使用英文逗号隔开):
2021,5,21
2021年5月21日是这年的第141天
```

这个程序没有对数据进行验证，例如月份必须为 1 ～ 12，在本书的电子资源中，提供了一个包含数据验证的代码示例，读者可进行阅读参考（详见代码文件 4-16-2.C）。

例【4-17】猴子吃桃问题。猴子第 1 天摘下若干个桃子，当即吃了一半，还不过瘾，又多吃了一个；第 2 天早上又将剩下的桃子吃掉一半，又多吃了一个。以后每天早上都吃了前一天剩下的一半多一个。到第 10 天早上想再吃时，见只剩下一个桃子了。求第 1 天共摘了多少个桃子。

程序分析：采取逆向思维的方法，从后往前推断。

（1）设 x_{10} 为第 10 天剩下的桃子数，设 x_9 为第 9 天剩下的桃子数，依次类推，则：

$x_{10}=x_9/2-1$, $x_9=2(x_{10}+1)$

$x_9=x_8/2-1$, $x_8=2(x_9+1)$

……

以此类推：$x_{n-1}=2(x_n+1)$

（2）从第 10 天可以类推到第 1 天，这是一个循环过程。

程序代码如下：

```c
#include <stdio.h>
#include <stdlib.h>

int main(){
    int i_day, i_x1=0, i_x2;
    i_day=9;
    i_x2=1;
    while(day>0) {
        i_x1=(i_x2+1)*2; //第1天的桃子数是第2天桃子数加1后的2倍
        i_x2=i_x1;
        i_day--;
    }
    printf("桃子总数为 %d\n", i_x1);

    return 0;
}
```

编译运行，结果如下：

```
桃子总数为 1534
```

例【4-18】每隔一秒将变量 i 的值增加并输出。程序代码如下：

```c
#include <stdio.h>
#include<windows.h> //Windows操作系统需要添加头文件

int main()
{
    int i_a=0;

    for(;;)
    {
        printf("i now is %d\n", i_a++);
        Sleep(1000); //Windows操作系统以毫秒为单位，大写
    }
    return 0;
}
```

编译运行，结果如下：

```
i now is 0
i now is 1
i now is 2
i now is 3
i now is 4
i now is 5
```

在这个程序中，如果是在 Windows 操作系统中，需要添加以下头文件：

```
#include<windows.h>
```

Sleep() 函数（注意首字母大写）里面的数据以毫秒为单位，所以如果想让函数滞留 1 秒，应该写成：

```
Sleep(1000);
```

而 Linux 操作系统需要添加的头文件为：

```
#include <unistd.h>
```

应该写成：

```
sleep(1);
```

在 Linux 操作系统中，sleep() 函数（注意首字母小写）里面的数据单位是秒，而不是毫秒。

注意，其中的 for(;;) 为无穷循环，即死循环，写成 while(1) 也可以达到同样的效果。

例【4-19】一元二次方程的求解。求方程 $ax^2+bx+c=0$ 的根。

一元二次方程的根与根的判别式 $\Delta=b^2-4ac$ 有如下关系。

- 当$\Delta>0$时，方程有两个不相等的实数根。
- 当$\Delta=0$时，方程有两个相等的实数根。
- 当$\Delta<0$时，方程无实数根，但有两个共轭复根。

程序代码如下：

```
#include<stdio.h>
#include<math.h>
//用到了求绝对值函数fabs()，故添加数学头文件
#define  EPS 1e-6 //定义10⁻⁶，绝对值小于10⁻⁶即认为是0

int main()
{
    float f_a, f_b, f_c, f_d, f_x1, f_x2, f_i;
    printf("Please enter the coefficients f_a, f_b, f_c: "); //输入一元二次方程系数
    scanf("%f, %f, %f", &f_a, &f_b, &f_c);
    f_d = f_b * f_b - 4 * f_a * f_c;
    if (fabs(f_a) <= EPS) //判别a值，接近为0即为0
        printf("It is not a quadratic equation!\n"); //非一元二次方程
    else
    {
        if (f_d < 0) //小于0为两个虚根
        {
```

```
            f_x1 = (-1) * f_b / (2 *f_a);
            f_i = fabs(f_d) / (2 * f_a);
            printf("f_x1 = %.2f+%.2fi,", f_x1, f_i);
            printf("f_x2 = %.2f-%.2fi\n", f_x1, f_i);
        }
        else if ( abs(f_d)> EPS) //大于0为两个实根
        {
            f_x1 = ((-1) * f_b + sqrt(f_d)) / (2 * f_a);
            f_x2 = ((-1) * f_b - sqrt(f_d)) / (2 * f_a);
            printf("f_x1 = %.2f, f_x2 = %.2f\n", f_x1, f_x2);
        }
            else if (fabs(f_d) <= EPS) //等于0为两个相同实根
                printf("f_x1 = f_x2 = %.2f\n", (-1) * f_b / (2 * f_a));
    }

    return 0;
}
```

编译运行，结果如下：

```
Please enter the coefficients f_a, f_b, f_c: 1,3,2
f_x1=-1.00, f_x1=-2.00
```

4.4 习题

（1）通过 for 循环和 while 循环计算 1 ～ 100 之间偶数的和。

（2）一个小球从 100 米高度自由落下，每次落地后反跳回原高度的一半再落下。求它在第 10 次落地时，共经过多少米？第 10 次反弹多高？

（3）输入两个正整数 m 和 n，求其最大公约数和最小公倍数。

（4）给定一个数学表达式，求出其结果：计算 0−1+2−3+4−5+6−⋯−99+100 的值。

（5）打印由 "*" 组成的菱形图案。输入一个奇数，打印一个高度为该数的由 "*" 组成的菱形图案。

（6）有 1、2、3、4 共 4 个数字，能组成多少个互不相同且无重复数字的三位数？分别是多少？

（7）企业发放的奖金根据利润提成。利润低于或等于 10 万元时，奖金可提成 10%；利润高于 10 万元低于 20 万元时，低于 10 万元的部分按 10% 提成，高于 10 万元的部分可提成 7.5%；利润在 20 万到 40 万之间时，高于 20 万元的部分可提成 5%；利润在 40 万到 60 万之间时，高于 40 万元的部分可提成 3%；利润在 60 万到 100 万之间时，高于 60 万元的部分可提成 1.5%；利润高于 100 万元时，超过 100 万元的部分可提成 1%。从键盘输入当月利润 i，求应发放奖金总数。

（8）求 s=a+aa+aaa+aaaa+⋯ 的值，其中 a 是一个数字。如 2+22+222+2222+22222（此时共有 5 个数相加），5 由键盘输入。

（9）有一个分数数列 2/1，3/2，5/3，8/5，13/8，21/13，⋯求出这个数列的前 20 项之和。

第5章

函数

函数是指一段可以直接被程序或代码引用的程序或代码，也叫作子程序。一个较大的程序一般应分为若干个程序块，每一个程序块用来实现一个特定的功能。所有的高级语言中都有子程序这个概念，用子程序实现程序块的功能。在 C 语言中，子程序是由一个主函数和若干个子函数构成的。主函数调用子函数，子函数也可以互相调用。同一个函数可以被一个或多个函数调用任意次。在程序设计中，一般会将一些常用的程序块编写成函数，放在函数库中供公共使用。用户可以利用这些函数，以减少重复编写程序块的工作量。本章主要对 C 语言中函数声明和定义、参数的传递以及函数的递归调用进行详细讲解。

【目标任务】

掌握 C 语言函数的调用方法，函数的递归调用。

【知识点】

* C 语言函数声明和定义。
* 参数的传递方法。
* 函数的递归调用。

5.1 函数定义

简单来说，函数是执行一个任务的一组语句。每个 C 语言程序都至少有一个函数，即主函数 main()。函数声明告诉编译器函数的返回类型、名称和参数，函数定义提供函数的实际主体。

C 语言中函数定义和声明的一般形式如下：

```
返回值的数据类型  函数名(参数列表)
{
    函数主体;
}
```

下面介绍一个函数的组成部分。

* 返回值：返回值是函数返回的值的数据类型，一个函数可以返回一个值；有些函数执行

所需的操作而没有返回值，在这种情况下，返回值类型是 void，即空类型。

- 函数名：函数的实际名称必须符合标识符的规定（详见第 2 章），函数名和参数列表一起构成了函数签名。
- 参数列表：参数就像是占位符，当函数被调用时，向参数传递一个值，这个值被称为实际参数；参数列表包括参数的类型、顺序、数量；参数是可选的，函数可能不包含参数。
- 函数主体：函数主体是一组定义函数执行任务的语句。

下面继续对函数的概念进行说明。

1. 函数调用

在程序中，当程序调用函数时，程序控制权会转移给被调用的函数。被调用的函数执行已定义的任务，当函数的返回语句被执行时，或到达函数的结束括号时，会把程序控制权交还给主程序。调用函数时，传递所需参数，如果函数有返回值，则可以将返回值保留。

2. 函数参数

如果函数要使用参数，则必须声明接受参数值的变量。这些变量称为函数的形式参数。形式参数就像函数内的其他局部变量，在进入函数时被创建，退出函数时被销毁。默认情况下，C 程序使用传值调用来传递参数（只将主程序中的变量值传递过去，不改变主程序的变量）。

3. 形式参数和实际参数

形式参数（简称形参）就是定义函数时的参数表，只是定义了调用函数时参数的个数、类型和用来引用的名字，并没有具体的内容。形参未被调用时，不占存储单元。形参只在调用过程中占用存储单元。实际参数（简称实参）有确定的值，在调用函数的过程中，实参将值赋给形参。简而言之，在函数定义中，函数首部的参数叫形参，调用函数时使用的参数叫实参，二者之间的区别和联系如下。

（1）形参只有在函数被调用时才会分配内存，调用结束后立刻释放内存，所以形参只有在函数内部使用才有效，不能在函数外部使用。

（2）实参可以是常量、变量、表达式、函数等，无论实参是何种类型的数据，在进行函数调用时，它们都必须有确定的值，以便把这些值传送给形参，所以应该提前用赋值、输入等办法使实参获得确定的值。

（3）实参和形参在数量上、类型上、顺序上必须严格一致，否则会出现"类型不匹配"的错误。当然，如果能够进行自动类型转换，或者进行强制类型转换，那么实参类型也可以不同于形参类型。

（4）形参和实参虽然可以同名，但它们之间是相互独立的，互不影响，因为实参在函数外部有效，而形参在函数内部有效。例如，在下面的例【5-1】中，主程序与函数中都有 i_a 和 i_b 两个变量，但它们相互独立，互不影响。

当调用函数时，有两种向函数传递参数的方式，如表 5-1 所示。

表 5-1 参数传递方式

调用类型	描述
传值调用	将实参的值赋给函数的形参，修改函数内的形参不会影响实参（主程序中的变量）
引用调用	通过指针传递方式，形参为指向主程序中实参的地址，当对形参进行操作时，就相当于对实参本身进行操作（等同于对主程序中的变量进行操作）。详见第 8 章例【8-6】及说明

下面通过具体的例子进行说明。

例【5-1】交换函数中两个整数的值（将两个整数通过第三个临时变量进行交换）。

具体代码如下：

```c
#include <stdio.h>

void swap(int i_a, int i_b) /*函数定义*/
{
    int  temp;
    temp = i_a; /*保存地址 i_a 的值*/
    i_a  = i_b; /*把 i_b 赋值给 i_a*/
    i_b = temp; /*把 temp 赋值给 i_b*/

    return; //该函数无返回值
}

int main ()
{
    int i_a = 100;
    int i_b = 200;

    printf("交换前i_a, i_b 的值: %d, %d\n", i_a, i_b);
    swap(i_a, i_b); /*调用函数交换值*/
    printf("交换后i_a, i_b 的值: %d, %d\n", i_a, i_b);

    return 0; //也可以写成return (0), 即()可省
}
```

编译运行，结果如下：

```
交换前i_a, i_b 的值: 100,200
交换后i_a, i_b 的值: 100,200
```

程序在调用子函数时会为 i_a、i_b 重新开辟内存空间，并将实参的值复制到 i_a、i_b 中去，然后在 swap() 函数中，i_a、i_b 的值确实发生了交换，但这跟主程序中的 i_a、i_b 毫无关系，i_a、i_b 并未发生任何改变。子函数调用结束后，形参所占内存将自动释放。

关于如何在子函数中引用调用函数交换主程序中两个变量的值，将在第 8 章例【8-6】中介绍。

在例【5-1】中，函数声明和定义都在主程序上方；函数声明也可以在主程序中，然后在主程序结束之后再进行定义；或者在主程序上方声明，然后在主程序结束之后再进行定义。其中后两种方式的代码如下：

```
#include <stdio.h>

int main ()
{
    int i_a = 100;
    int i_b = 200;
    void swap(int i_a, int i_b); //只声明不定义

    printf("交换前i_a, i_b 的值: %d, %d\n", i_a, i_b);
    swap(i_a, i_b); /* 调用函数交换值*/
    printf("交换后i_a, i_b 的值: %d,%d\n", i_a, i_b);

    return 0;
}

void swap(int i_a, int i_b) /*函数定义*/
{
    int temp;
    temp = i_a; /*保存地址 i_a 的值*/
    i_a  = i_b; /*把 i_b 赋值给 i_a*/
    i_b = temp; /*把 temp 赋值给 i_b*/

    return; //该函数无返回值
}
```

或者如下:

```
#include <stdio.h>
 void swap(int i_a , int i_b); //只声明不定义

int main ()
{
    int i_a = 100;
    int i_b = 200;

    printf("交换前i_a, i_b 的值: %d, %d\n", i_a, i_b);
    swap(i_a, i_b); /*调用函数交换值*/
    printf("交换后i_a, i_b 的值: %d, %d\n", i_a, i_b);

    return 0;
}

void swap(int i_a, int i_b) /*函数定义*/
{
    int temp;
    temp = i_a; /*保存地址 i_a 的值*/
    i_a  = i_b; /*把 i_b 赋值给 i_a*/
    i_b = temp; /*把 temp 赋值给 i_b*/

    return; //该函数无返回值
}
```

例【5-2】输入 3 个整数, 并将最大值输出。

这个程序先输入 3 个整数 i_x、i_y 和 i_z, 把 i_x 和 i_y 作为参数传递给函数 GetMax(), 获取其中的最大值赋给 i_temp, 作为函数返回值, 然后返回给主程序的 i_max 变量; 再一次调用函数 GetMax(), 将 i_z 和 i_max 作为参数传递给函数 GetMax(), 将其中的最大值赋给 i_temp, 作为函数返回值, 然后返回给主程序的 i_max 变量, 最后将 i_max 输出。具体代码如下:

```
#include <stdio.h>

int GetMax(int i_x, int i_y) //获取二者中的最大值
{
    int i_temp;

    (a>b)?(i_ temp = i_x):(i_ temp = i_y); //三目运算,将最大值赋给i_temp
    return i_ temp;
}

int main(){
    int i_x, i_y, i_z, i_max;

    printf("请输入三个数字（空格分隔）:");
    scanf("%d%d%d", &i_x, &i_y, &i_z);
    i_max=GetMax(i_x, i_y); //调用函数
    i_max=GetMax(i_z, i_max); //再次调用函数
    printf("最大数为: %d \n", i_max);

    return 0;
}
```

编译运行，结果如下：

```
请输入三个数字（空格分隔）: 1 22 11
最大数为: 22
```

5.2　变量作用域

形参变量在函数被调用时才分配内存空间，调用结束后立即从内存中释放，当再次调用函数时重新从内存申请空间。这说明形参变量的作用域非常有限，只能在函数内部使用，离开该函数就无效了。所谓作用域，就是变量的有效作用范围。不仅是形参变量，C 语言中所有的变量都有自己的作用域。决定变量作用域的是变量的定义位置。

5.2.1　局部变量

在函数（代码块）内部定义的变量称为局部变量（函数的形参也是局部变量），其作用域从定义变量的那一行开始，直到函数（代码块）结束。

例【5-3】局部变量作用范围。代码如下：

```
#include <stdio.h>

int fun(int i_x, int i_y)
{
    int i_sum; //函数中的局部变量

    i_sum=i_x+i_y; //形参也是局部变量，只在该函数里有效
}

int main()
{
    int i_m=1, i_n=2, i_sum;
```

```
    i_sum=fun(i_m, i_n);
    printf("sum is %d", i_sum);

    return 0;
}
```

在这个函数里，变量 i_sum 定义在函数的开头，所以它是局部变量，其作用域就在这个函数中，出了这个函数，就会被自动销毁，无法被其他函数引用。

在主函数中定义的变量 i_m, i_n 也只在主函数中有效，并不会因为在主函数中定义而在整个文件或项目中有效，主函数也不能使用在其他函数中定义的变量。

在不同的函数中可以使用同名的变量，它们代表不同的对象，互不干扰，如 fun() 函数里面的 i_sum 和 main() 函数中的 i_sum，虽然同名，但代表两个不同的对象，在内存中通过不同的地址存储。形参也是局部变量，只在该函数里有效。

5.2.2　全局变量

全局变量（又称为外部变量）是在函数外面定义的变量。作用域从定义变量的那一行开始，直到文件结尾（能被后面的所有函数使用）。程序一启动就会为全局变量分配内存空间，程序退出时才会被销毁。全局变量默认初始值为 0，而局部变量没有初始值。

全局变量在程序的全部执行过程中都占用内存空间，而不是仅在需要时才占用内存空间。全局变量使函数的通用性降低，如果在函数中引用了全局变量，那么执行情况会受到有关的外部变量的影响。

例【5-4】全局变量作用范围。代码如下：

```
#include <stdio.h>

int i_sum; //全局变量

void fun(int i_x,int i_y)
{
    i_sum=i_x+i_y;
}

int main()
{
    int i_m=1,i_n=2;

    fun(i_m,i_n); //调用函数
    printf("sum is %d",i_sum);

    return 0;
}
```

总的来说，定义在函数内部的变量为局部变量，定义在函数外部的变量为全局变量。

5.2.3　static修饰

普通的变量也叫动态变量，默认有个保留字 auto，可以省略。如果在变量前面增加一个 static

修饰符，那这个变量就成了静态变量。存储在静态数据区的变量会在程序刚开始运行时就完成初始化，也是唯一的一次初始化，声明它的函数共享这个变量。

函数中的静态变量是静态局部变量，退出函数后不被释放，在程序运行结束时才释放。该变量只在函数中可使用，退出函数后就不能再使用，其生存期为整个源程序，但只能在定义该变量的函数内使用。静态局部变量在编译时赋初值，且只赋一次，赋值语句在程序运行时不再运行。如果在定义局部变量时不赋初值，则对静态局部变量来说，编译时自动赋初值 0（对数值型变量）或空字符（对字符型变量）。**静态变量中所谓的静态，是指在程序运行的过程中，变量的内存地址始终不变，而不是其值不变。**静态全局变量的作用域只在定义它的文件里，不能被其他文件使用。

static 修饰的静态变量有以下特征。

（1）变量会被放在程序的数据区，在下一次被调用的时候还保持原来赋的值。

（2）变量用 static 告知编译器，仅在变量的作用域内可用，这是其与全局变量的区别。

C 语言中使用静态函数（在函数声明前加上 static 修饰，类似于静态变量的声明）的意义主要有以下两点。

（1）静态函数会被自动分配一个一直使用的存储区，直到退出程序，避免了调用函数的入栈出栈操作，提高了读取速度。

（2）static 修饰指函数的作用域仅局限于本文件，不用担心自定义的函数是否会与其他文件的函数同名。

例【5-5】静态变量使用。

分别定义局部和全局静态变量的代码如下：

```c
#include <stdio.h>

int fun(void){
    static int count = 3; //事实上此赋值语句从来没有执行过
    return count--;
}

static int count = 1; //全局静态变量

int main(void)
{
    printf("global\t\tlocal static\n");
    for(; count <= 3; ++count)
        printf("%d\t\t%d\n", count, fun());

    return 0;
}
```

编译运行，结果如下：

```
global local static
1       3
2       2
3       1
```

5.2.4　跨文件调用变量的方法

extern 用在变量或者函数的声明前，用来说明"此变量 / 函数是在别处定义的，要在此处引用"。extern 声明不是定义，即不分配内存空间。也就是说，在一个文件中定义了变量和函数，在其他文件中要使用它们，可以有两种方式：使用头文件，然后声明它们，在其他文件中使用时包含头文件；或在其他文件中直接使用 extern 声明。

例如，在文件 a.h 中的代码如下：

```
#include<stdio.h>

int a = 10;
```

如果在另一个文件 a.c 中要用到文件 a.h 中的变量 a，代码如下：

```
#include <stdio.h>
#include "a.h" //包含该头文件

int main(int argc,char *argv[])
{
    printf("a = %d \n " , a);

    return 0;
}
```

另外一种方式是在文件 b.c 中定义变量 a，代码如下：

```
#include<stdio.h>

int a = 10;
```

在另一个文件的 main() 主函数中通过 extern 声明外部文件变量，代码如下：

```
#include <stdio.h>
extern int a; //使用外部文件b.c中的变量a

int main(int argc , char *argv[])
{

    printf("a = %d \n " , a);

    return 0;
}
```

编译运行，结果均如下：

```
a = 10
```

如何在 Qt 项目中添加源文件或者头文件？单击 Qt Creator 的【文件】菜单，选择【新建文件或者项目】命令，弹出【New File or Project - Qt Creator】窗口，如图 5-1 所示。在左边选择【文件和类】选项，然后在右边选择【C/C++ Source File】或【C/C++ Header File】选项，单击【下一步】按钮，输入文件名称。

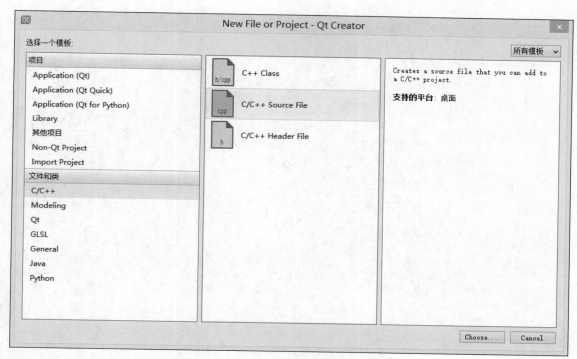

图 5-1 添加源文件或者头文件

5.3 函数嵌套调用

函数嵌套调用指的是一个函数调用另一个函数，而被调用的函数又可再调用其他函数。例如，主程序在调用 A 函数的过程中，A 函数可以调用 B 函数；在调用 B 函数的过程中，B 函数还可以调用 C 函数……当 C 函数调用结束后，返回 B 函数；当 B 函数调用结束后，返回 A 函数；A 函数调用结束后再返回主程序。例【5-6】通过一个小程序说明函数嵌套调用的过程，该程序用来求 1 的 k 次方加 2 的 k 次方……一直加到 n 的 k 次方的和，设定 n 为 6，k 为 5。

例【5-6】求 $1^k+2^k+\cdots+n^k$ 的和，假设 n 为 6，k 为 5。

具体代码如下：

```c
#include <stdio.h>
#define K 5
#define N 6

int sumPower(int k,int n);
int Power(int m,int n);

int main(void)
{
    int i_sum=0;

    i_sum=sumPower(K,N);
    printf("从1到%d的%d次方的和为:%d",N,K,i_sum);
```

```
    return 0;
}
int sumPower(int k,int n) //计算阶乘之和
{
    int i,sum=0;

    for(i=1;i<=N;i++)
    {
        sum+=Power(i,K);
    }
    return sum;
}
int Power(int m,int n) //计算阶乘
{
    int i,product=1;

    for(i=1;i<=n;i++)
    {
        product*=m;
    }

    return product;
}
```

从以上程序可以看出，在 main() 函数中调用了 sumPower() 函数，在 sumPower() 函数中又调用了 Power() 函数。当 Power 函数调用结束后返回 sumPower() 函数，当 sumPower() 函数调用结束后返回 main() 函数。

5.4　函数递归调用

函数的递归调用是指一个函数在它的函数体内，直接或者间接地调用它本身。

直接递归调用是指函数直接调用自身。**间接递归调用**是指函数间接调用自身。图 5-2（a）所示为直接递归调用，fun1() 函数调用 fun1() 函数本身；图 5-2（b）所示为间接递归调用，fun1() 函数调用 fun2() 函数，而 fun2() 函数又调用 func1() 函数。

为防止递归调用无休止地进行下去，必须在函数内加上条件判断，满足条件后就不再递归调用，然后逐层返回。

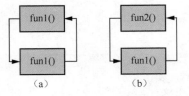

图 5-2　直接递归调用和间接递归调用

函数的递归调用比较难理解，下面举个例子说明。孙悟空进盘丝洞找师父唐僧，从第一个入口进去，然后在第二个岔道口选择一个岔道口继续前行，最后在第三个岔道口选择一个岔道口找到了唐僧，此时孙悟空开始返回，依次先后回到第三个岔道口，第二个岔道口，第一个入口。

下面通过例【5-7】进行说明。

例【5-7】通过函数递归调用求 3！的值。

具体代码如下：

```
#include<stdio.h>
#define N 3

int fun(int i_n) //定义函数
{

    if(i_n==0||i_n==1)
    {
        i_n=1;
    }
    else
    {
        i_n=i_n*fun(i_n-1); //递归调用函数
    }
}
int main()
{
    int i_j;

    i_j=fun(N);
    printf("%d的阶乘为: %d",N,i_j);

    return 0;
 }
```

编译运行，结果如下：

```
3的阶乘为: 6
```

下面对运行过程进行分析。

主程序中先调用 fun(3)，fun(3) 中调用 fun(2)，fun(2) 中又调用 fun(1)，fun(1) 直接赋值 fun(1)=1。这时开始一层一层返回，返回 fun(2)，fun(2)=2×fun(1)=2×1=2；然后返回 fun(3)，fun(3)=3×fun(2)=3×2×1=6。这时 fun(3) 执行完成，返回主函数，i_j=6。

例【5-8】将数字从 1 增加到 3，然后返回。这类似于上楼梯，上到 3 楼，然后再回到 1 楼。

具体代码如下：

```
#include<stdio.h>

void up_and_down(int);

int  main(void)
{
    up_and_down(1);

    return 0;
}

void up_and_down(int n)
{
    printf("level %d: n loacation %p\n",n,&n); /*1输出变量值及地址*/
        if (n < 4)
            up_and_down(n + 1); //继续+
    printf("level %d: n loacation %p\n",n,&n); /*2 输出变量值及地址*/
}
```

编译运行，结果如下：

```
Level 1:n location 0x7fff5fbff75c
Level 2:n location 0x7fff5fbff73c
Level 3:n location 0x7fff5fbff71c
Level 3:n location 0x7fff5fbff71c
Level 2:n location 0x7fff5fbff73c
Level 1:n location 0x7fff5fbff75c
```

首先，main() 函数使用参数 1 调用函数 up_and_down()，于是 up_and_down() 函数中形参 n 的值是 1，故输出 Level1 变量值及地址；然后，由于 n 的数值小于 4，因此执行 n+1，函数 up_and_down()（第 1 级）使用参数 2 调用 up_and_down() 函数（第 2 级），使得 n 在第 2 级调用中被赋值为 2，输出 Level2 变量值及地址。与之类似，下面的两次调用分别输出 Level3 变量值及地址和 Level4 变量值及地址。

当开始执行第 4 级调用时，n 的值是 4，if 语句的条件不满足。这时不再继续调用 up_and_down() 函数。第 4 级调用接着输出 Level4 变量值及地址，因为 n 的值是 4。现在函数需要执行 return 语句，此时第 4 级调用结束，控制权返回该函数的调用函数，也就是第 3 级调用函数。第 3 级调用函数中前一个执行过的语句是在 if 语句中进行第 4 级调用，因此，继续执行其后代码，即输出 Level3 变量值及地址。当第 3 级调用结束后，第 2 级调用函数开始继续执行，即输出 Level2 变量值及地址，依次类推。

注意，每一级的递归调用都使用其私有的变量 n（可以查看地址的值来证明）。也就是通过堆栈（数据结构中将有介绍）保存调用的参数。

递归和循环的区别如下：递归是在函数的内部调用函数本身；循环是通过设置计算的初始值及终止条件，在一个范围内重复计算。**简而言之，递归会返回（回退）该函数的第一次调用，而循环是一直向前的。**

以计算 n！的值为例，可以采用递归（例【5-7】已给出）和循环两种方式求出结果，其中循环方式代码如下：

```c
int Fact(int n)
{
    int sum = 1;

    if (n>=0)
        for (int i = 1; i <= n; i++)
            sum *= i;
    else
        sum =1;

    return sum;
}
```

比较上述两种方式，显然递归方式的代码比循环方式的代码简洁，容易实现。相对循环方式而言，递归方式缺点也是明显的。递归是调用自身，而函数调用是有时间和空间的消耗的，每一次函数调用都需要在内存中分配空间以保存参数、返回地址及临时变量；而且往栈里压入数据和弹出数据都需要时间，更何况每个进程的栈的容量是有限的。因此，递归方式的效率不如循环方式，而且递归方式还有可能引起严重的调用栈溢出等问题。

5.5 习题

（1）定义一个函数，求某个数字（3 位数）是否是水仙花数（每一位数的立方之和等于这个数本身）。例如 $153=1^3+5^3+3^3$。

（2）输出 100 之内的素数，编写一个函数判断一个正整数是否为素数。

（3）编写函数实现以下功能：输入一个学生 4 门课的成绩，计算每个学生的平均分。

（4）利用递归方式求 5! 的值。

（5）有 5 个人坐在一起，问第 5 个人多少岁，他说比第 4 个人大两岁。问第 4 个人多少岁，他说比第 3 个人大两岁。问第 3 个人，他说比第 2 个人大两岁。问第 2 个人，他说比第 1 个人大两岁。最后问第 1 个人，他说是 10 岁。请问第 5 个人多少岁？提示：利用函数递归的方法，递归分为回推和递推两个阶段，要想知道第 5 个人多少岁，需知道第 4 个人多少岁，依次类推，推到第 1 个人（10 岁），再往回推。

（6）写两个函数，分别求两个整数的最大公约数和最小公倍数，用主函数调用这两个子函数，并输出结果，两个整数由键盘输入。假设存在两个数 A 和 B（A>B），假如 A%B 取余的结果为 0，那么 A 和 B 的最大公约数是 B；否则将 B 作为新的 A，A%B 作为新的 B，一直往下计算，直到后者为 0，最大公约数就是最后的 B 值。最小公倍数就是 A 和 B 的积除以 A 和 B 的最大公约数。

（7）输入一个 5 位的正整数，判断它是不是回文数。回文数是指这个整数的个位与万位相同，十位与千位相同，如 12321 是回文数。

（8）给出一个不多于 5 位的正整数，求它是几位数，并逆序输出各位数字。

第**6**章

断点调试

所谓调试，就是在编写的程序投入实际运行前，用手动计算或编译程序等方法进行测试，并修正语法错误和逻辑错误的过程。调试是保证计算机信息系统正确性必不可少的步骤。编写完的计算机程序，必须送入计算机中进行测试。根据测试时发现的错误，采用设置断点等方式进一步诊断，找出原因和具体的位置并进行修正。对于程序员来说，调试的时间往往比写程序的时间还要长。本章主要介绍 Qt 中断点的设置与取消，如何查看变量值，以及程序的单步运行和逐行调试方法。

【目标任务】

掌握 Qt 中 C 语言断点的设置与取消，变量的查看，以及程序的单步和逐过程调试方法。

【知识点】

- C 语言断点的设置与取消。
- 变量值的查看。
- 单步跳过、单步跳入和单步跳出 3 种调试方法。

6.1 断点

断点就是程序被中断的地方。断点是人为设置的，意思就是让程序执行到此停住，不再往下执行，然后主动权就交给调试者了。此时可以做调试代码支持的任何事情，如查看变量值等。断点调试就是通过设置断点来调试程序。

在 Qt Creator 的界面左侧单击【Debug】按钮，进入 Debug 模式，如图 6-1 所示。在 Debug 模式下调试程序，进行断点设置、单步执行等操作比较方便。Qt 中有 3 种编译模式，这 3 种模式具体如下。

- Debug 模式以 -g 模式编译，带着符号信息，便于调试。
- Release 模式在编译后经过优化，性能更佳。
- Profile 模式则是在这两者之中取一个平衡，兼顾性能和调试，可以看作性能较优又方便调试的模式。

在 Qt 中，设置与取消断点过程为：将鼠标指针指向所在行，按 F9 键即可设置断点，再按 F9 键则取消断点。如果需要终止调试，可以单击【调试】菜单，选择【终止调试】命令。

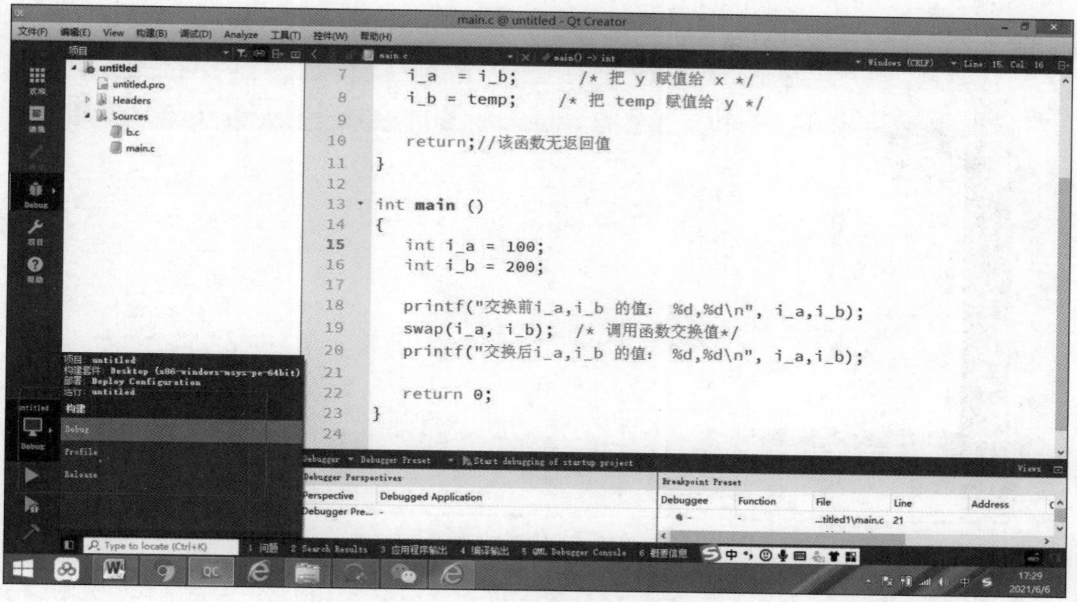

图 6-1　Debug 编译模式的选择

6.2　调试过程

下面以第 5 章的例【5-1】为例，对 Qt 中如何进行断点调试进行说明。

在选择 Debug 模式后，单击【调试】菜单，选择【Start and Break on Main】命令（或者直接按 F10 键），进入调试模式。此时，程序从 main() 函数开始运行，如图 6-2 所示，在第 15 行出现了一个箭头，即程序运行的第一个语句。

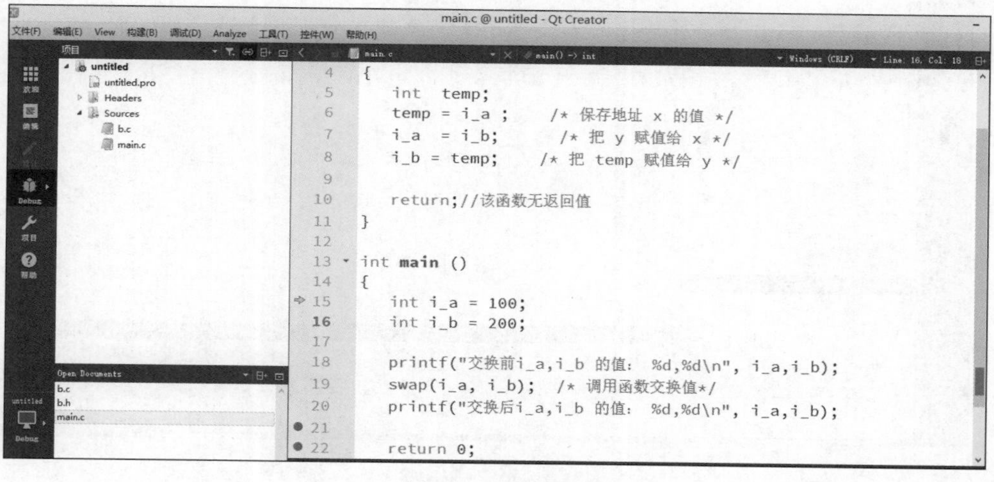

图 6-2　开始调试

直接按 F11 键（或者单击【调试】菜单，选择【单步进入】命令），即可运行下一个语句。

此时程序运行到第 16 行，当鼠标指针移动到 i_a 变量上时，可以看到 i_a 的值变成了 100，如图 6-3 所示。在程序运行过程中，单击每行行号的左侧，也可以设置和取消断点。

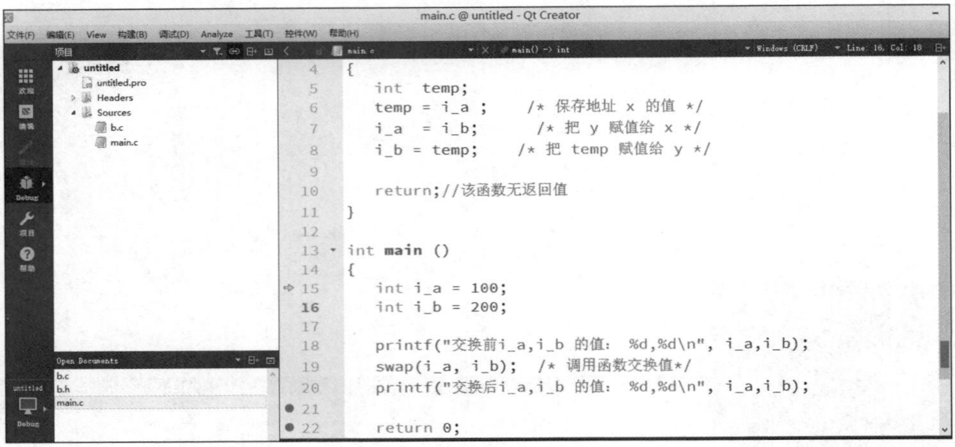

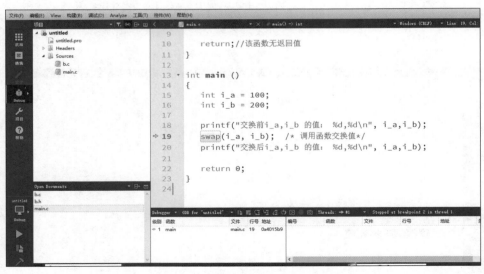

图 6-3　查看变量

在调试过程中，一行代码中有可能运行了很多代码。例如，这行代码运行的是一个函数体代码行，如果不需要对函数体的代码行再进行逐行调试，此时可以选择单步跳过或单步跳入，下面对相关概念进行说明。

1. 单步跳过

运行完该行代码之后运行下一行代码，如图 6-4 所示，在程序运行到第 19 行时，如果在【调试】菜单中选择【单步跳过】命令或者直接按 F10 键，则一次执行整个函数体的语句，不再单步执行函数中的每个语句。单步跳过的英文为 step over。

图 6-4　单步跳过调试

2. 单步跳入

如果需要依次单步运行该函数的代码行，以便查看函数代码的详细运行过程，可以按 F11

键，或者在【调试】菜单中选择【单步跳入】命令，如图 6-5 所示。单步跳入的英文为 step into。

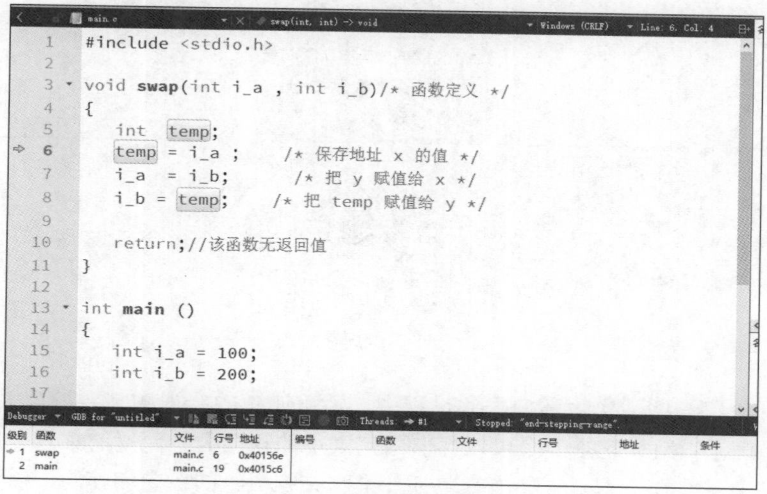

图 6-5　单步跳入调试

3. 单步跳出

跳出当前执行的函数，一般单步跳入后再单步跳出。如果进入了执行的函数，此时要跳出，可以直接按 Shift+F11 组合键，或者在【调试】菜单中选择【单步跳出】命令。单步跳出的英文为 step out。

4. 运行到断点

可在程序某一行或多行设置一个或多个断点，调试时，程序运行到断点就会停住。可通过按 F5 键，或者在【调试】菜单中单击【Continue】运行到断点。也可直接在界面中单击对应调试按钮进行相应调试，如图 6-6 所示。

图 6-6　调试按钮

程序的编译和调试过程比较复杂，在编译过程中如果发现错误，多看编译输出的英文提示，然后在网上查找相关的解决方法，这是提高编程能力最有效的手段之一。

在编写和调试过程中，建议不要一次写很多代码再去调试，写太多代码，问题一般也很多，调试会非常困难，最好边写代码边调试。如果一次写了太多代码，可以采用 **2.2.3** 小节中的注释方法，先注释掉部分代码再进行调试。

6.3　习题

对前一章编写的任意一个程序进行断点调试，掌握单步跳过、单步跳入和单步跳出 3 种调试方法。

第7章

数组

在使用编程解决一些现实生活问题的过程中，不可避免的会遇到需要处理大量数据的情况。为此，C 语言提供了数组，它是一个可以存储固定大小的相同类型元素的集合。使用数组可以高效、便捷地处理大量数据。本章主要内容包括一维和二维数组的概念和使用，以及如何用冒泡法对数组排序。

【目标任务】

掌握 C 语言中数组的概念和使用方法，能够进行数组的排序。

【知识点】

- 一维数组的概念和使用方法。
- 通过冒泡法对数组进行排序。
- 二维和多维数组的概念和使用方法。

7.1 一维数组

数组是按顺序存储的一系列类型相同的元素的集合，如 6 个整型的数值或 6 个字符型的字符。数组有一个数组名，通过整数编号访问数组中单独的项或元素。例如以下声明：

```
int month[6];
```

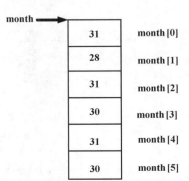

声明标识符 month 是一个内含 6 个元素的数组，每个元素都可以存储 int 型的值。数组的第 1 个元素是 month[0]，第 2 个元素是 month[1]，以此类推，直到 month[5]，如图 7-1 所示，从逻辑上可以理解为每个元素为一行。

注意数组元素的编号从 0 开始，不是从 1 开始。数组在内存中表现为一块连续的内存空间，数组名蕴含了这一段连续内存空间的开头位置的信息，表示程序在此次运行过程中数组在内存空间中的首地址，它是一个常量（可以简记为：数组名，首地址，常量）。在数组中 month 为常量，但赋值不可以写为 month=month+1，可以用另外一个指针变量赋值，即 int*p=month+1（8.3

图 7-1 数组示意图

节中将介绍）。可以将中括号中的数字看作偏移量（编号的另一种叫法就是偏移量），即这一元素位置与数组首元素位置的差值，那么 month[0] 表示从数组首元素往后数 0 个位置的元素。C 语言声明数组的标准形式如下：

```
元素类型  数组名[元素数量];
```

其中，元素数量必须是一个大于 0 的整数常量或正整数的常量表达式，元素类型可以是任意有效的 C 语言数据类型。

数组通常被用来存储程序所需要的数据，如存储 12 个月每月的天数。在这种情况下，在声明数组时就将数据存入数组比较好。C 语言可在声明数组时初始化数组，方法如下：

```c
int main()
{
    int month[12]={31,28,31,30,31,30,31,31,30,31,30,31};
}
```

可以看到，通常用值列表（用大括号括起来）来初始化数组，各值之间用逗号分隔，在逗号和值之间可以使用空格。经过上面的初始化过程，程序将 31 赋给数组的首元素 month[0]，以此类推。

如果初始化列表中的项数与数组的元素数量不一致会怎样？例【7-1】演示了这种情况。

例【7-1】数组初始化。代码如下：

```c
#include<stdio.h>

int main(void)
{
    int some_init[4]={20};

    printf("%s %s\n","i","some_init[i]");
    printf("%d %d\n",0,some_init[0]);
    printf("%d %d\n",1,some_init[1]);
    printf("%d %d\n",2,some_init[2]);
    printf("%d %d\n",3,some_init[3]);

    return 0;
}
```

程序编译后，可能的运行结果如下（也可能会有不同的输出结果）：

```
i        some_init[i]
0            20
1             0
2             0
3             0
```

由此可见，当初始化列表中的值少于数组的元素数量时，编译器会把剩余的元素都初始化为 0。如果初始化列表中的项数多于元素数量，编译器会直接报错。其实，在声明数组时如果进行了数组的初始化，那么可以省略中括号里的数字，编译器会根据初始化列表中的项数来确定数组的大小：

```c
int init[]={20,56,77,0}; //数组大小为4
```

声明数组后，可以借助数组编号给数组元素赋值。C 语言不允许把数组作为一个单元直接赋值给另一个数组，除初始化之外，也不允许使用花括号列表的形式赋值。下面的例【7-2】演示了一些错误的赋值形式。

例【7-2】错误的数组赋值。代码如下：

```c
int main()
{
    int number[4]={1,7,2,8}; //初始化
    int copy[4];

    copy[3]=1; //可以
    copy[2]=number[1]; //可以
    //不能直接赋值     copy=number;
    //不能用花括号列表的形式赋值  copy={1,7,2,8};

    return 0;
}
```

在给数组元素赋值时需要注意一个陷阱：**编译器不会检查数组的编号是否正确**。下面的这种用法是不对的：

```c
int month[12];
month[12]=3; //该元素不存在
month[20]=3; //该元素不存在
```

编译器并不会检查出这样的错误，但这样的代码会破坏程序的结果，甚至导致程序异常中断，所以在使用数组时注意**编号不要越界**，数组编号越界的严重性在于对数组元素的访问及修改的内容存在不确定性。

通常，使用循环来对数组元素进行各种操作。下面的例【7-3】使用 for 循环来处理数组，该程序要求计算 1 ~ 10 的和并求平均值。

例【7-3】求 1 ~ 10 的和及平均值并输出。代码如下：

```c
#include<stdio.h>
#define loop 10

int main(void)
{
    int number[loop];
    int i,i_sum=0; //和的初始值必须为0
    float f_avg;

    for (i=0;i<loop;i++)
    {
        number[i]=i+1;
        printf("%d ",number[i]);
    }

    for (i=0;i<loop;i++)
        i_sum+=number[i];

    f_avg=(float)(i_sum)/ loop; //强制转换成浮点数, 并相除
    printf("\nsum=%d average=%.2f\n",i_sum,f_avg);

    return 0;
}
```

编译运行，结果如下：

```
1 2 3 4 5 6 7 8 9 10
sum=55 average=5.50
```

例【7-4】输出前 10 个斐波那契数，每行输出 5 个。代码如下：

```c
#include<stdio.h>
#define LOOP 10

int main()
{
    int i;
    int a[LOOP] = {1,1}; //只赋值前2个

    for(i = 2; i<LOOP; i++)
        a[i] = a[i-1] + a[i-2];
    //先遍历求出后LOOP-2个斐波那契数到数组

    for (i= 0; i <LOOP; i++)
    {
        printf("%10d", a[i]);
        if ((i+1) % 5 == 0) //i从0开始    所以加1除以5
            printf("\n");
    }

    return 0;
}
```

编译运行，结果如下：

```
1    1    2    3    5
8   13   21   34   55
```

7.2 冒泡法排序

排序是计算机经常进行的一种操作，其目的是将一组"无序"的记录序列调整为"有序"的记录序列，是需要掌握的重点内容。下面介绍一种常用的排序方法——冒泡法排序，其基本思想就是从无序序列头部开始进行两两比较，根据大小交换位置，直到最后将最大（小）的元素交换到了无序队列的队尾，成为有序序列的一部分。下一次继续这个过程，将第二大（小）的元素排到倒数第二个位置，依次循环，直到所有元素都排好序为止。下面通过例【7-5】进行说明。

例【7-5】对 5 个整数进行冒泡法升序排序（小从到大排序）。

冒泡法排序的过程如下。

（1）比较相邻的元素。如果第一个元素比第二个元素大（小），就交换它们的位置。

（2）对每一对相邻的元素做同样的工作，从开始第一对到结尾的最后一对。这一步完成后，最后的元素会是最大（小）的数。

（3）针对所有的元素重复以上的步骤，除了最后已经选出的元素（有序）。

（4）对越来越少的元素（无序元素）重复上面的步骤，直到没有任何一对数字需要比较，则

无序序列最终成为有序序列。

冒泡法排序通过两个 for 循环实现冒泡排序的全过程，外层 for 循环（外循环）决定冒泡排序的趟数（与所有需要排序的数的总数有关），内层 for 循环（内循环）决定每趟进行两两比较的次数（与某次外循环排序的数的总数有关）。

程序的具体代码如下：

```c
#include <stdio.h>
#define loop 5

int main()
{
    int i,j,t,a[loop]={8,2,6,4,5}; //定义变量及数组为基本整型

    for(i=0; i<loop; i++) //变量i代表比较的趟数，外循环
        for(j=0; j<loop-i; j++) //变量j代表每趟两两比较的次数，内循环
            if(a[j]>a[j+1])
            {
                t=a[j]; //利用中间变量实现两值互换
                a[j]=a[j+1];
                a[j+1]=t;
            }
    printf("排序后的顺序是: \n");
    for(i=0; i<loop; i++)
        printf("%5d",a[i]); //将冒泡排序后的顺序输出

    return 0;
}
```

编译运行，结果如下：

```
2    4    5    6    8
```

下面说明排序过程，如图 7-2 所示。

程序首先比较第一个元素 8 和它的相邻元素 2。因为 8 > 2，所以元素位置被交换，结果是 [2,8,6,4,5]。

然后将第二个元素 8 与它相邻的元素 6 进行比较。因为 8 > 6，所以元素位置被交换，结果是 [2,6,8,4,5]。

接下来比较第三个元素 8 和它相邻的元素 4。因为 8 > 4，所以元素位置被交换，结果是 [2,6,4,8,5]。

最后比较第四个元素 8 和它相邻的元素 5，并交换它们的位置，结果是 [2,6,4,5,8]。此时，算法完成了对列表的第一次遍历（i = 0），注意元素 8 是如何从列表初始位置被排列到列表末尾的正确位置的。

第二次遍历（i = 1）考虑到列表的最后一个元素已经定位，因此将重点放在剩下的 4 个元素 2、6、4、5 上。在这一遍的末尾，元素 6 找到了它的正确位置。第三次遍历将元素 5 定位，以此类推，直到列表变为有序列表。

冒泡法排列的基本思路是：如果要对 n 个数进行冒泡排序，那么第 1 趟要进行 $n-1$ 次两两比较，在第 j 趟要进行 $n-j$ 次两两比较，这样就

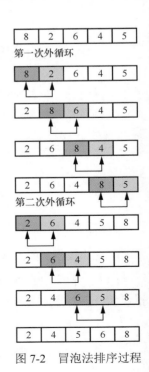

图 7-2 冒泡法排序过程

很容易将两个 for 循环联系起来。

7.3　二维和多维数组

前面介绍了一维数组，接下来介绍如何定义和使用二维数组。

多维数组最简单的形式是二维数组，一个二维数组，在本质上是一个一维数组的列表。声明一个 x 行 y 列的二维数组，形式如下：

```
type arrayName [x][y];
```

其中，type 可以是任意有效的 C 语言数据类型，arrayName 数组名是一个有效的 C 语言标识符。一个二维数组可以被认为是一个带有 x 行和 y 列的表格。下面是一个二维数组，包含 3 行和 4 列：

```
int a[3][4];
```

数组中的每个元素是使用形式为 a[i] [j] 的元素名称来标识的，其中 a 是数组名称，i 和 j 是唯一标识 a 中每个元素的编号，如图 7-3 所示，该数组逻辑形式上还是类似一维数组，按行访问。

	Column 0	Column 1	Column 2	Column 3
Row 0	a[0][0]	a[0][1]	a[0][2]	a[0][3]
Row 1	a[1][0]	a[1][1]	a[1][2]	a[1][3]
Row 2	a[2][0]	a[2][1]	a[2][2]	a[2][3]

图 7-3　二维数组示意图

这样的矩阵在内存中（物理上）是以图 7-4 所示的方式存储的，也就是说，实际上定义的二维数组在内存中仍然是像一维数组那样连续存储的，可以想象为把一个矩阵一层层伸展铺平的效果。

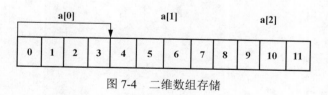

图 7-4　二维数组存储

多维数组可以在大括号内为每行指定值进行初始化。下面的代码定义了一个带有 3 行 4 列的数组，并进行了初始化：

```
int a[3][4] = {
  {0, 1, 2, 3} , /*初始化索引号为 0 的行 */
  {4, 5, 6, 7} , /*初始化索引号为 1 的行 */
  {8, 9, 10, 11} /*初始化索引号为 2 的行 */
};
```

内部嵌套的大括号可省略，上面的初始化语句与下面的初始化语句等同：

```
int a[3][4] = {0,1,2,3,4,5,6,7,8,9,10,11};
```

二维数组中的元素是通过编号（即数组的行索引和列索引）来访问的。例如：

```
int i_a=a[2][3];
```

在数组声明中，如果执行定义操作，数组类型可以是不完整的。也就是说，可以声明数组却不指定其长度，但这种声明所引用的数组，必须在程序其他地方指定它的长度。然而一个数组元素的完整数据类型必须声明，一个多维数组的声明，只有第一个维度可以不指定长度，所有其他维度都必须指定长度，例如：

```
float mat[ ][5];
```

下面通过例【7-6】加深对数组的了解和运用。

例【7-6】矩阵转置。

设有一矩阵为 $m×n$ 阶（即 m 行 n 列），第 i 行 j 列的元素是 a(i,j)，需要将该矩阵转置为 $n×m$ 阶的矩阵，使其中元素满足 b(j,i)=a(i,j)，即将 b(j,i) 和 a(i,j) 的值进行交换。代码如下：

```c
#include<stdio.h>
#define row 3
#define col 3

int main()
{
    int a[row][col]={0, 1, 2, 3, 4, 5, 6, 7, 8};
    int i, j, temp;

    for(i=0; i<row; i++)
        for(j=0; j<col; j++)
        {
            if (j>i)
            {
                /*将主对角线右上方的数组元素与主对角线左下方的数组元素进行单方向交换*/
                temp=a[i][j];
                a[i][j]=a[j][i];
                a[j][i]=temp;
            }
        }
    printf("转置矩阵: \n");
    for(i=0; i<col; i++)
    {
        for(j=0; j<row; j++)
            printf("%d  ", a[i][j]); /*输出原始矩阵的转置矩阵*/
        printf("\n");
    }
    return 0;
}
```

编译运行，结果如下：

```
转置矩阵:
0    3    6
1    4    7
2    5    8
```

下面通过例【7-7】进一步加深对数组的了解和运用。

例【7-7】已知有一个 3×4 的矩阵，要求编写程序求出其中值最大的元素所在的行号和列号，以及该元素的值。

要解决这个问题，必须遍历矩阵中的每个元素，因此程序的结构就是一个双重的 for 循环，在循环体中进行的就是矩阵元素的比较，找出最大的元素，并保存其行号和列号。完整的代码如下：

```c
#include<stdio.h>

int main()
{
    int i, j, row=0, column=0, max;
    int a[3][4]={{14, 17, 13, 26}, {28, 6, 22, 25}, {30, 44, 2, 5}};

    max=a[0][0];  /*设置max的初值*/
    /*矩阵中每一个元素逐一与max进行比较*/
    for(i=0; i<=2; i++)
        for(j=0; j<=3; j++)
            if(a[i][j]>max)
            {
                max=a[i][j];
                row=i;    //保存行号
                column=j; //保存列号
            }
    printf("最大值为: %d, 所在行为第%d行, 所在列为第%d列\n", max, row, column);

    return 0;
}
```

编译运行，结果如下：

```
最大值为: 10, 所在行为第2行, 所在列为第0列
```

C 语言支持多维数组。多维数组的定义、使用与一维数组、二维数组一致，只不过多了一些维度而已。多维数组声明的一般形式如下：

```c
type name[size1][size2]...[sizeN];
```

例如，下面的声明定义了一个三维数组并进行了初始化：

```c
int array[2][3][4] =
{
{ {0, 0, 0, 0},{0, 0, 0, 0},{0, 0, 0, 0} },
{ {0, 0, 0, 0},{0, 0, 0, 0},{0, 0, 0, 0} },
};
```

这个三维数组共有 2×3×4=24 个元素。在使用多维数组时，同样可以用方括号来取得其中某个元素：

```c
array[1][2][3]=345;
```

其实多维数组的本质与一维数组没有什么区别，只不过在使用时可以通过多维编号的方式来使用数组中的元素。

7.4　习题

（1）对 10 个数进行降序排序（从大到小）。

（2）将一个数组逆序输出。

（3）输入一个 3×3 矩阵并求其对角线元素之和。可以利用双重 for 循环控制输入二维数组 a，再将 a[i][i] 累加后输出。

（4）有一个已经排好序的数组，现输入一个数，要求按原来的规律将它插入数组中。应先判断此数是否大于最后一个数，然后考虑插入中间的数的情况，插入此数后，此数之后的数依次后移一个位置。

（5）输入一个有 10 个整型数据的数组 a，将数组 a 拆分为两个数组，一个为奇数数组 b，一个为偶数数组 c，然后再将数组 b 和 c 合并为一个新的数组 d。

第 8 章

指针

指针是 C 语言中的一个重要概念及语言特点，也是 C 语言中比较困难的部分。指针就是内存地址，指针变量是用来存放内存地址的变量。不同类型的指针变量所占用的存储单元长度是相同的，而存放数据的变量因数据的类型不同，所占用的存储单元长度也不同。本章内容较多，难度较大，建议读者多动手编程以更好地掌握相关知识。本章主要内容包括指针、指针变量、数组指针、字符串操作函数、字符串指针、函数指针以及主程序参数的传入。

【目标任务】

掌握 C 语言中指针、指针变量、数组指针的概念和具体用法，熟练掌握字符串的操作，熟悉字符串指针的概念和用法，了解函数指针。

【知识点】

- 指针的概念和用法。
- 指针变量的概念和用法。
- 数组指针的概念和用法。
- 字符串操作函数的概念和用法。
- 字符串指针的概念和用法。
- 函数指针的概念和用法。

8.1 指针的概念

指针是 C 语言中的重要概念，也是 C 语言的精华所在。指针的概念比较复杂，其使用非常灵活。学会使用指针，可以让程序更加高效、简洁。在 C 语言中，指针即内存地址，每个变量在内存中都会有对应的地址或位置。

例【8-1】直接输出定义变量的地址。代码如下：

```
#include <stdio.h>

int main()
{
    int i_a = 1;
```

```
    printf("i_a变量的地址为: %p\n",&i_a); //将i_a的地址以%p格式符输出
    return 0;
}
```

编译运行，结果如下：

```
i_a变量的地址为: 0060FE9C
```

这个地址不是固定的，每次编译运行后输出 i_a 变量的地址可能不同。计算机可以通过地址找到相应的变量，如同根据身份证号码找到对应的人。

8.2　指针变量

指针变量是保存地址的变量，指针变量存放的值是内存中的地址。

8.2.1　定义

定义指针变量的一般形式为"类型名 * 指针变量名"。如：

```
//定义int型指针变量，该变量是指向整型变量的指针变量，简称int指针
int *p_i;
//定义float型指针变量，该变量是指向单精度浮点变量的指针变量，简称float指针
float *p_f;
//定义double型指针变量，该变量是指向双精度浮点变量的指针变量，简称double指针
double *p_d;
//定义char型指针变量，该变量是指向字符型变量的指针变量，简称char指针
char *p_c;
```

由以上内容可知，定义指针变量与定义普通变量非常相似，在变量名的前面加"*"就可定义相应类型的指针变量。注意，int 型指针变量只能存放 int 型变量的地址，float 型和 double 型指针变量同理。

在定义指针变量的同时，可对它进行初始化，如：

```
int i_a = 100;
int *p_i_a = &i_a; //取整型变量i_a的地址赋给指针变量p_i_a
```

8.2.2　NULL指针

一般情况下，在声明指针变量的时候，如果没有确切的地址可以赋值，就为指针变量赋 NULL 值，赋 NULL 值的指针变量被称为空指针。

例【8-2】输出被赋 NULL 值的指针变量中的地址。代码如下：

```
#include <stdio.h>

int main()
{
    int *p_i = NULL;
    printf("p_i的值:%p\n", p_i);
    return 0;
}
```

编译运行，结果如下：

```
p_i的值:00000000
```

如果需要检查 p_i 指针变量是否为空指针，则可以使用 if 语句，具体如下：

```
//如果p_i不是空指针
if(p_i!=NULL)
{
}
//如果p_i是空指针，则进行以下步骤
else
{
}
```

在声明一个指针变量 p_i 后，尽管没有赋值，程序编译器也可能会给指针变量 p_i 赋一个值，因此，即使没有赋值，指针变量 p_i 也不一定为空。

8.2.3　使用指针变量

下面通过例【8-3】学习使用指针变量。

例【8-3】通过指针变量输出地址。代码如下：

```
#include <stdio.h>

int main()
{
    int i_a;
    int *p_i; //定义指针变量，用来存放地址的变量

    p_i = &i_a; //通过取地址符号&，将i_a的地址赋给指针变量p_i
    printf("i_a变量的地址为:%p\n",p_i); //将变量i_a的地址以%p格式符输出

    return 0;
}
```

编译运行，结果如下：

```
i_a变量的地址为: 0060FE98
```

在定义指针变量时需要加上"*"，给指针变量赋地址值时不能带"*"。就像在定义整型变量时，需要在变量名前加"int"，而之后使用整型变量进行赋值或者运算操作时，无须在变量名前添加"int"。

例【8-4】指针运算符"*"的初步理解与使用。代码如下：

```
#include <stdio.h>

int main()
{
    int i_a = 10;
    int *p_i; //定义int型指针变量
    p_i = &i_a; //将变量i_a的地址赋给指针变量p_i

    printf("输出&i_a的值: %p\n",&i_a); //输出i_a变量的地址
```

```
    printf("输出p_i的值: %p\n",p_i); //输出指针变量p_i中存放的地址
    printf("输出i_a的值: %d\n",i_a); //输出变量i_a的值
    printf("输出*p_i的值: %d\n",*p_i); //输出指针变量p_i中存放地址指向的变量值

    return 0;
}
```

编译运行，结果如下：

```
输出&i_a的值: 0060FE98
输出p_i的值: 0060FE98
输出i_a的值: 10
输出*p_i的值: 10
```

可以看到，输出结果的第一行和第二行的值相同，因为在程序中，将变量 i_a 的地址赋给了指针变量 p_i。输出结果的第三行和第四行的值相同，因为指针变量 p_i 存放了变量 i_a 的地址，*p_i 则根据 p_i 中存放的地址，找到变量 i_a 并获取变量 i_a 的值。可以称 p_i 是指向变量 i_a 的指针变量。

"*" 为指针运算符，*p_i 代表指针变量 p_i 所指内存位置对应的值，下面通过例【8-5】继续说明。

例【8-5】通过指针变量修改所指变量的值。代码如下：

```
#include <stdio.h>

int main ()
{
    int i_a = 33;

    int *p_i = &i_a; //将变量i_a的地址赋给指针变量p_i
    printf("输出i_a的值:%d\n",i_a); //输出变量i_a的值
    *p_i = 55;
    printf("输出i_a的值:%d\n",i_a);

    return 0;
}
```

编译运行，结果如下：

```
输出i_a的值:33
输出i_a的值:55
```

当指针变量 p_i 中存放的是变量 i_a 的地址时，对 *p_i 进行的所有操作等同于对变量 i_a 的操作，因此可将指针变量 *p_i 替换成变量 i_a 去理解。

例【8-6】通过指针交换主程序中两个变量的值。在例【5-1】的基础上，在函数的定义中添加两个 * 号，将两个形参变成指针变量。在调用语句中添加两个 & 号，将实参变成地址，也就是传递的是变量 i_a 和 i_b 的地址。代码如下：

```
#include <stdio.h>

void swap(int *i_a,int *i_b) /*函数定义*/
{
```

```
    int  temp;
    temp = *i_a ; /*将指针变量i_a地址所指的值赋给变量temp*/
    *i_a  = *i_b; /*将指针变量i_b地址对应的值赋给指针变量i_a地址所指的变量*/
    *i_b = temp; /*把变量temp的值赋值给指针变量i_b所指的变量*/

    return; //该函数无返回值
}

int main ()
{
    int i_a = 100;
    int i_b = 200;

    printf("交换前i_a, i_b 的值: %d,%d\n",i_a,i_b);
    swap(&i_a,&i_b); /*调用函数交换值，将i_a和i_b地址传过去*/
    printf("交换后i_a,i_b 的值: %d,%d\n",i_a,i_b);

    return 0;
}
```

编译运行，结果如下。

```
交换前i_a, i_b的值: 100,200
交换后i_a, i_b的值: 200,100
```

关于传值和传地址，可以通过举例说明。将孙悟空定义为一个变量，杨戬定义为一个函数，变量孙悟空可通过分身术产生一个形参传递给函数杨戬，这时候为值传递。函数杨戬怎样收拾变量孙悟空的分身（形参，只传递值的副本）都不会对变量孙悟空本身产生任何影响。如果变量孙悟空把他真身的地址告诉了函数杨戬（地址传递，变量孙悟空在内存中的地址），函数杨戬就可以根据地址找到变量孙悟空，这时候函数杨戬对变量孙悟空的操作就会改变变量孙悟空的值。

8.3 数组指针

通过第 7 章的学习我们可以知道，数组是一系列具有相同类型数据的集合，它在指针方面的操作比普通变量在指针方面的操作多，因此独立出来形成一部分指针的内容。

8.3.1 一维数组指针

指针变量可以指向普通变量，也可以指向数组。

例【8-7】数组指针的初步使用。代码如下：

```
#include <stdio.h>

int main ()
{
    int i_arr[5] = {1,2,3,4,5}; //定义数组
    int *p_i; //定义指针变量

    p_i = i_arr; //将数组i_arr的首地址赋给指针变量p_i
```

```
    printf("i_arr[0]的地址:%p\n",&i_arr[0]);
    printf("p_i中保存的地址:%p\n",p_i);

    return 0;
}
```

编译运行，结果如下：

```
i_arr[0]的地址:0060FE88
p_i中保存的地址:0060FE88
```

由两个输出结果中相同的地址可知，数组名并不代表整个数组，只代表数组首个元素的地址。在此次程序运行过程中，数组的首地址不会发生改变，即数组名为常量。"p_i = i_arr;"的作用是"把 i_arr 数组的首元素地址赋给指针变量 p_i"，等同于"把 i_arr[0] 的地址赋给指针变量 p_i"。

指针变量指向数组的方法有两种：一种是将数组名赋给指针变量（这种方法指针变量会指向数组的首地址），另一种是将数组的首元素取地址后赋给指针变量（这种方法指针变量不一定指向数组的首地址）。这两种方法的代码分别如下：

```
p_i = i_arr;
p_i = &i_arr[0];
```

下面通过例【8-8】深入介绍数组与地址的关系。

例【8-8】数组元素地址分析。代码如下：

```
#include <stdio.h>

int main ()
{
    int i_arr[5] = {1,2,3,4,5};
    int *p_i_a = &i_arr[0];

    //为了方便，地址使用十六进制数输出
    printf("i_arr[0]的地址:%x\n",p_i_a);
    p_i_a = &i_arr[1];
    printf("i_arr[1]的地址:%x\n",p_i_a);
    p_i_a = &i_arr[2];
    printf("i_arr[2]的地址:%x\n",p_i_a);
    p_i_a = &i_arr[3];
    printf("i_arr[3]的地址:%x\n",p_i_a);
    p_i_a = &i_arr[4];
    printf("i_arr[4]的地址:%x\n",p_i_a);

    int *p_i_b = &i_arr[0];
    printf("p_i_b中保存的地址:%x\n",p_i_b);
    p_i_b++;
    printf("p_i_b中保存的地址:%x\n",p_i_b);
    p_i_b += 1; //即p_i_ b = p_i_ b + 1
    printf("p_i_b中保存的地址:%x\n",p_i_b);

    return 0;
}
```

编译运行，结果如下：

```
i_arr[0]的地址:60FE84
i_arr[1]的地址:60fe88
i_arr[2]的地址:60FE8C
i_arr[3]的地址:60FE90
i_arr[4]的地址:60FE94
p_i_b中保存的地址:60FE84
p_i_b中保存的地址:60FE88
p_i_b中保存的地址:60FE8C
```

可以看到，相邻数组元素的地址值相差 4，而数组元素数据类型为整型，整型数据正好占用 4 个字节。通过例【8-8】可知，地址 60FE84 ～ 60FE87 保存 i_arr[0] 的数据，地址 60FE88 ～ 60FE8B 保存 i_arr[1] 的数据，同理可知保存 i_arr[2]、i_arr[3]、i_arr[4] 数据的地址，如图 8-1 所示。

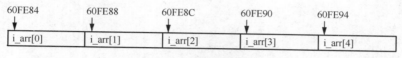

图 8-1 数组元素地址

将 i_arr[0] 的地址赋值给指针变量 p_i_b，输出指针变量 p_i_b 保存的地址为 60FE84。执行 p_i_1++，输出的指针变量 p_i_b 中保存的地址并不是 60FE85，而是 60FE88。再执行 p_i_b += 1，输出指针变量 p_i_b 保存的地址为 60FE8C。这是因为指针变量 p_i_b 为 int 型指针变量，对指针变量 p_i_b 加 1，地址值会增加 4。当指针变量 p_i_b 指向 i_arr[0] 时，执行 p_i_b += 1，则指针变量 p_i_b 就指向了 i_arr[1]。这就是数组指针与普通变量指针的不同之处，数组指针变量每次加 1 后，新指向的是下一个元素的地址，就一维数组而言，逻辑形式上其实是访问下一行。

8.3.2 指针运算

指针就是地址，地址在本质上是整数，所以对地址可以进行赋值运算。在一定条件下，还可以对地址进行算术运算。对地址进行乘和除是没有意义的，下面将讨论对地址进行加减运算。

若已知指针变量 p 指向一个数组，则可以进行以下运算。

加一个整数，如：

```
p=p+1; //或者p+=1;
```

减一个整数，如：

```
p=p-1; //或者p-=1;
```

自加运算，如：

```
p++; //或者++p;
```

自减运算，如：

```
p--; //或者--p;
```

两个指针相减，如：

```
p=p_2-p_1; //当p_1和p_2都指向同一个数组中的元素时才有意义
```

指针变量 p 指向一个数组元素，则 p+1 指向同一个数组中的下一个元素，p-1 指向同一个数组中的上一个元素。在执行 p+1 操作时，不是指针变量 p 中的地址值加 1，而是指针变量 p 中的绝对地址值加指针变量 p 的类型所占的字节数。此处指针变量 p 为整型变量对应移动 4 个字节，执行 p-1 操作与 p+1 操作同理。下面通过例子继续说明。

例【8-9】数组元素的地址运算。代码如下：

```c
#include <stdio.h>

int main ()
{
    int i_arr[3] = {1,2,3};
    char ch_arr[3] = {'!','@','#'};
    int *p_i = &i_arr[0];
    char *p_ch = &ch_arr[0];
    //对数组的数组名进行取地址(&)操作，其类型为整个数组类型
    //p_ch_arr的3个值为数组ch_arr 3个元素的地址
    char (*p_ch_arr)[3] = &ch_arr;

    printf("p_i中保存的地址: %x\n",p_i);
    p_i = p_i + 1;
    printf("p_i + 1后, p_i保存的地址: %x\n",p_i);
    printf("p_ch中保存的地址: %x\n",p_ch);
    p_ch = p_ch + 1;
    printf("p_ch+1后,保存的地址: %x\n",p_ch);
    printf("p_ch+1后,地址对应的数据: %c\n",*p_ch);
    printf("p_ch_arr[0]地址: %x\n",p_ch_arr[0]);
    printf("p_ch_arr[0]地址对应的数据: %c\n",*p_ch_arr[0]);

    return 0;
}
```

编译运行，结果如下：

```
p_i中保存的地址: 60FE8c
p_i+1后, p_i保存的地址: 60FE90
p_ch中保存的地址: 60FE89
p_ch+1后,保存的地址: 60FE8A
p_ch+1后,地址对应的数据: @
p_ch_arr[0]地址: 60FE89
p_ch_arr[0]地址对应的数据: !
```

int 型指针变量 p_i 进行 p_i = p_i + 1 运算后，指针变量 p_i 前后的地址值相差 4；而 char 型指针变量 p_ch 进行 p_ch = p_ch + 1 运算后，指针变量 p_ch 前后的地址值相差 1。由此可知，指针变量进行加 1 运算后，有时候地址值加 4，有时候地址值加 1。p_i + n 的地址实际上是 p_i = p_i + n×4(指针变量 p_i 为 int 型，int 型变量所占字节数为 4)，p_ch + n 的地址实际上是 p_ch + n×1(指针变量 p_ch 为 char 型，char 型变量所占字节数为 1)。

对数组的数组名进行取地址（&）操作，其类型为整个数组类型。对数组进行取地址操作，其类型为整个数组，因此，&ch_arr 的类型是 char (*)[3]。所以正确的赋值方式如下：

```c
char (*p_ch_arr)[3] = &ch_arr;
```

在代码中，[] 的优先级高于 *，() 是必须要加。如果只写作 int *p_ch_arr [3]，那么应该理解为 int *(p_ch_arr [3])，p_ch_arr 就成了一个指针数组，而不是二维数组的指针。关于指针数组和数组指针，将在 8.3.6 小节中详细介绍。

8.3.3　一维数组指针的使用

可以用两种方法来访问一维数组的元素。

- 下标法：使用下标 arr[i] 的形式访问数组元素。
- 指针法：使用 *(arr+i) 的形式访问数组元素；当指针变量 p 指向数组时，用 *(p+i) 的形式访问数组元素。

假设指针变量 p 指向数组 arr[0]，则 *(p+i)、*(arr+i)、arr[i] 三者是等价的，均表示 arr[i] 的实际值。[] 是变址运算符，arr[i] 实际上按照 arr+i 计算地址，然后找出地址中对应的值。下面通过例【8-10】进行说明。

例【8-10】通过数组指针变量遍历数组。代码如下：

```
#include <stdio.h>
#define LOOP 3

int main()
{
    int i_arr[] = {1, 2, 3};
    int i, *p_i = i_arr;

    for(i = 0; i < LOOP; i++)
    {
        printf("%d 即 %d 即 %d\n", *p_i++, i_arr[i], *(i_arr+i));
    }

    return 0;
}
```

编译运行，结果如下：

```
1 即 1 即 1
2 即 2 即 2
3 即 3 即 3
```

在这个例子中，通过数组指针变量 p 指向数组 i_arr，每次对其加 1，则指针变量 p 指向下一行的数组元素。

8.3.4　数组作为参数

数组作为参数有两种情况，第一种情况是数组中的某个元素作为参数传递，与普通变量作为参数没有区别，就是将数组元素传给形参，实现单向的值传递，具体代码见例【8-11】。

例【8-11】求出数组中的最大元素。代码如下：

```
#include <stdio.h>
#define LOOP 6
```

```
float max(float x,float y)
{
    if(x > y)
        return x;
    else
        return y;
}

int main()
{
    int a[LOOP] = {3,2,1,4,9,0};
    int i_m = a[0];
    for(int i = 1;i<LOOP;i ++)
    {
        i_m = max(i_m,a[i]);
    }
    printf("数组中的最大元素是:%d",i_m);

    return 0;
}
```

编译运行，结果如下：

```
数组中的最大元素是:9
```

第二种情况是数组名作为函数的实参，因为数组名表示地址，其实质就是传递地址，将数组的首地址传给形参。形参和实参共用同一个存储空间，形参的变化就是实参的变化，下面通过例【8-12】进行说明。

例【8-12】数组名作为参数。代码如下：

```
#include <stdio.h>
#define LOOP = 6

void FUC_Change(int b[])
{
    b[0] = 1;
}

int main()
{
    int a[LOOP] = {3,2,1,4,9,0};

    FUC_Change(a);
    printf("a[0] now is %d\n",a[0]);

    return 0;
}
```

编译运行，结果如下：

```
a[0] now is 1
```

数组名作为参数，传递的是数组的地址，因此函数中的赋值语句 b[0]=1，对 b[0] 的赋值为 1，等同于对实参 a[0] 的赋值。

8.3.5 指针与二维数组

定义二维数组的代码如下：

```
int a[3][2] = { { 0 , 1 }, { 2 , 3 }, { 4 , 5 } };
```

在概念上理解为 3 行 2 列的矩阵：

```
0 1
2 3
4 5
```

由于内存中实际上并不存在多维数组，因此可以将 a[3][2] 看成一个有 3 个元素的一维数组（即 a[0]、a[1] 和 a[2]），只是这 3 个元素分别又是一个一维数组。实际上，在内存中，该数组的确是按照一维数组的形式存储的，存储顺序为（低地址在前）：a[0][0]、a[0][1]、a[1][0]、a[1][1]、a[2][0]、a[2][1]。这种物理存储方式不是绝对的，也有按列优先存储的模式。

可将该二维数组分成两个维度来看，如图 8-2 所示。

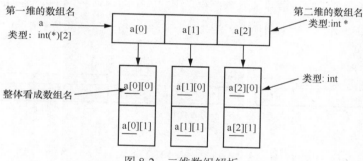

图 8-2 二维数组解析

从第一个维度看，将 a[3][2] 看成一个有 3 个元素的一维数组，元素分别为：a[0]、a[1]、a[2]，其中，a[0]、a[1]、a[2] 又分别是一个有两个元素的一维数组（元素类型为 int）。从第二个维度看，可以将 a[0]、a[1]、a[2] 看成代表"第二维"数组的数组名，以 a[0] 为例，a[0] 代表的一维数组是一个有两个 int 型元素的数组，而 a[0] 是这个数组的数组名（代表数组首元素地址），因此 a[0] 类型为 int*，同理 a[1] 和 a[2] 类型都是 int*。**a 是第一维数组的数组名，代表首元素地址，而首元素是一个有两个 int 型元素的一维数组**，因此 a 就是一个指向有两个 int 型元素数组的数组指针，也就是 int(*)[2]。可以进行如下赋值：

```
//因为a实质为一维数组的数组名，类型为int (*)[2]，构成一个数组指针
//(*p)[2]本质上是定义了一个数组指针，指向a数组，即行指针
int (*p)[2] = a;
int *p = a[0]; //或a[0]为第二维数组的数组名，类型为int*
```

因此，也可以按照以下方式定义数组：

```
int array[][2]; //可不用指明二维数组的行数，但后续代码要指明
int (*array)[2]; /*本质上是定义了一个数组指针，行指针*/
```

二维数组和一维及多维数组相同之处是：a 或 a[0] 均表示数组的第 0 行元素的首地址，a+1 或者 a[1] 就是第一行元素的首地址（**行地址，同一维数组**），依次类推。

由于 a 可以看成第一维数组的数组名，因此 a+1 就是第一行的首地址，或者可以写成 a[1]，*(a+1)，均表示第 1 行第 0 列的元素 a[1][0] 的地址。a[1]+2、*(a+1)+2 或 &a[1][2] 则表示第 1 行第 2 列元素 a[1][2] 的地址，如果分别在前面加上 "*" 取值，得到的 *(a[1]+2)、*(*(a+1)+2) 或 a[1][2] 则表示第 1 行第 2 列元素 a[1][2] 的值。对于三维和多维数组，可以此类推进行分析。

在 8.3.2 小节中，提到对 a 进行取地址操作代表获取整个数组的数据类型，a 的类型为数组类型，即 int (*)[3][2]，因此可进行以下赋值：

```
int (*p)[3][2] = &a;  //p为指针，指向int a[3][2]的数组地址
```

8.3.6 指针数组与数组指针

指针数组和数组指针的结构如图 8-3 所示，先来看其定义。

指针数组是数组，数组的全部元素都是指针，如 int *p1[10]。

数组指针只有一个指针，指向某数组，即 "指向数组的指针"，如 int (*p2)[10]。

为便于理解和记忆，可在中间加上 "的" 字，即分别是 "指针的数组" 和 "数组的指针"。

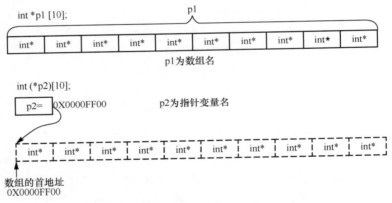

图 8-3 指针数组和数组指针的结构

在 p1 的声明 "int *p1[10]" 中，由于 "[]" 的优先级比 "*" 要高，因此 p1 先与 "[]" 结合，构成一个数组，数组名为 p1，int * 修饰的是数组的内容，即数组中的每个元素。p1 是一个数组，其包含 10 个指向 int 型数据的指针，即指针数组。执行 p1+1 时，p1 指向下一个数组元素，p1=a 这样赋值是错误的，因为 p1 是数组首地址，是常量，只存在 p1[0]、p1[1]、p1[2]……p1[9]，而且它们都是指针变量，可以用来存放变量地址。但可以这样 *p1=a（加 * 号变成取值），这里 *p1 表示指针数组第一个元素的值，a 是数组首地址的值。具体代码如下：

```
int a[10];
int *p1[10];

*p1=&a[0];  //或*p1=a;或p1[0]=a;
printf("最终的目标字符串: %d\n",*p1);
```

如要将二维数组赋给一维指针数组，代码如下：

```
    int *p1[3];
    int a[3][4];

    for(int i=0;i<3;i++)
    {
        p1[i]=a[i];
        printf("%d ",p[i]);
    }
```

　　这里 int *p1[3] 表示一个一维数组内存放着 3 个指针变量，分别是 p1[0]、p1[1]、p1[2]，所以要分别赋值。运行该语句后，输出 p1[i] 值后，发现其值差 16 个字节，因为每个整数占 4 个字节，而 p1[i] 指向一个一维、有 4 个整型数据的数组。

　　至于 p2 的声明"int (*p2)[10]"，由于"()"的优先级比"[]"高，因此"*"号和 p2 构成一个指针，指针变量名为 p2，int 修饰的是数组的内容，即数组中的每个元素。数组在这里并没有名字，是个匿名数组。p2 是一个指针，指向一个包含 10 个 int 型数据的数组，即某数组的指针，指向一个存储 10 个 int 型数据的数组首地址。p1 和 p2 相同之处是存储的都是指针或地址。不同之处是 p1 的 10 个元素均指向整型变量，是数组，p2 指向的是整型数组。

　　如要将二维数组赋给一维指针，则应这样赋值：

```
int a[3][4];
int (*p2)[4]; //该语句是定义一个数组指针，指向含4个元素的一维数组
p2=a; //将该二维数组的首地址赋给p2，也就是a[0]或&a[0][0]
p2++; //该语句执行过后，也就是p2=p2+1;p2跨过行a[0]指向了行a[1]
```

　　因此数组指针也称指向一维数组的指针，又称行指针。

8.3.7　多级指针

　　所谓的多级指针，就是一个指向指针的指针。

```
char *p="C Programing";
char **pp=&p; //二级指针
char ***ppp=&pp; //三级指针
```

　　假设以上语句都位于函数体内，则多级指针之间的指向关系如图 8-4 所示。

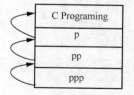

图 8-4　多级指针之间的指向关系

8.4　字符串操作函数

　　除了 puts() 函数和 gets() 函数可以用来输出和输入字符串之外（见 2.4 节），C 语言对字符串的操作提供了大量函数（详见附录三），使用时需添加头文件 string.h，下面对这些函数进行简单介绍。

8.4.1　strcpy()函数和strncpy()函数

　　C 语言提供了库函数 char *strcpy(char *dest, const char *src)，该函数把 src 所指向的字符串复

制到目标数组 dest。需要注意的是，如果目标数组 dest 不够大，而源字符串的长度又太长，可能会出现缓冲区溢出（缓冲区溢出是指当计算机程序向缓冲区内填充的数据位数超过了缓冲区本身的容量时，溢出的数据覆盖在合法的数据上）的情况。

下面是 strcpy() 函数的声明：

```
char *strcpy(char *dest,const char *src)
```

参数说明如下。

- dest：指向用于存储复制内容的目标数组。
- src：要复制的字符串。

该函数返回一个指向最终的目标数组 dest 的指针，下面通过例【8-13】进行说明。

例【8-13】通过函数将一个字符串的内容复制到另外一个字符数组中。代码如下：

```
#include <stdio.h>
#include <string.h>

int main ()
{
    char str1[]="Hello!";
    char str2[40];
    char str3[40];

    strcpy (str2,str1);
    strcpy (str3,"copy successful");
    printf ("str1: %s\nstr2: %s\nstr3: %s\n",str1,str2,str3);

    return 0;
}
```

编译运行，结果如下：

```
str1: Hello!
str2: Hello!
str3: copy successful
```

C 语言提供了另一个库函数 *strncpy(char *dest, const char *src, size_t n)，该函数把 src 指向的字符串复制到目标数组 dest，最多复制 n 个字符。当 src 的长度小于 n 时，目标数组 dest 的剩余部分将用空字节填充，因此只复制源字符串即可。下面是 strncpy() 函数的声明：

```
char *strncpy(char *dest,const char *src,size_t n)
```

参数说明如下。

- dest：指向用于存储复制内容的目标数组。
- src：要复制的字符串。
- n：要从源字符串中复制的字符数。

该函数返回最终复制的字符串。

下面的例【8-14】演示了 strncpy() 函数的用法。在这里，先使用 memset() 函数清除内存。

例【8-14】strncpy() 函数的用法。代码如下：

```
#include <stdio.h>
#include <string.h>

int main()
{
    char src[40];
    char dest[12];

    memset(dest, '\0', sizeof(dest)); //在dest所占内存块中填充'\0'以清除原内存值
    strcpy(src, "Hello!");
    strncpy(dest, src, 5);

    printf("最终的目标字符串: %s\n", dest);

    return 0;
}
```

编译运行，结果如下：

```
最终的目标字符串: Hello
```

8.4.2　strcat()函数

strcat() 函数用来将两个字符串连接（拼接）起来。下面是 strcat() 函数的声明：

```
char*strcat(char* strDes, const char* strS);
```

参数说明如下。

- strDes：目标字符串。
- strS：源字符串。

strcat() 函数把 strS 指向的字符串追加到 strDes 指向的字符串的结尾，因此必须要保证 strDes 有足够的内存空间来容纳两个字符串，否则会出现溢出错误。

注意，strDes 末尾的 '\0' 会被覆盖，strS 末尾的 '\0' 会一起被复制过去，因此最终的字符串只有一个 '\0'。

下面通过例【8-15】进行说明。

例【8-15】strncpy() 和 strcat() 函数的用法。代码如下：

```
#include <stdio.h>
#include <string.h>

int main ()
{
    char src[50], dest[50];

    strcpy(src, "World!");
    strcpy(dest, "Hello ");
    strcat(dest, src);
    printf("最终的目标字符串: %s", dest);

    return(0);
}
```

编译运行后，得到的结果如下：

最终的目标字符串: Hello World!

8.4.3　strlen()函数

strlen() 函数用来求字符串的长度（包含多少个字符）。strlen() 函数从字符串的开头位置依次向后计数，直到最后的 '\0'，然后返回计数器的值。最终统计的字符串长度不包括 '\0'。下面是strlen() 函数的声明：

```
int strlen(const char* str);
```

参数 str 表示要求长度的字符串。返回值表示字符串 str 的长度。下面通过例【8-16】进行说明。

例【8-16】strlen() 函数的用法。代码如下：

```c
#include <stdio.h>
#include <string.h>

int main()
{
    char str[10] = "Hello!";
    int len;

    len = strlen(str);
    printf("Length: %d\n", len);

    return 0;
}
```

编译运行后，得到的结果如下：

Length: 6

8.4.4　strcmp()函数

strcmp() 函数用于对两个字符串进行比较（区分大小写）。下面是 strcmp() 函数的声明：

```
int strcmp(const char* str1, const char* str2);
```

参数 str1 和 str2 是参与比较的两个字符串。

strcmp() 函数会根据 ASCII 值依次比较 str1 和 str2 的每一个字符，直到出现不一样的字符，或者到达字符串末尾的 '\0'。

返回值有以下几种。

- 如果返回值 < 0，则表示 str1 小于 str2。
- 如果返回值 > 0，则表示 str2 小于 str1。
- 如果返回值 = 0，则表示 str1 等于 str2。

下面通过例【8-17】进行说明。

例【8-17】字符串比较函数。代码如下：

```c
#include <stdio.h>
#include <string.h>

int main()
{
    char str1[50] = "Hello";
    char str2[50] = "World";

    if(strcmp(str1, str2)>0)
        printf("str1 is bigger");
    else
        if (strcmp(str1, str2) == 0)
            printf("str2 and str1 is equal");
        else
            printf("str2 is bigger");

    return 0;
}
```

编译运行，结果如下：

```
str2 is bigger
```

8.4.5 strlwr()函数和strupr()函数

strlwr() 和 strupr() 函数分别返回给定字符串的小写和大写形式。

下面通过例【8-18】进行说明。

例【8-18】字符串字符大小写转换。代码如下：

```c
#include <stdio.h>
#include <string.h>

int main()
{
    char str1[50] = "Hello";
    char str2[50] = "World";

    printf("Lower String is: %s\n", strlwr(str1));
    printf("Uper String is: %s\n", strupr(str2));

    return 0;
}
```

编译运行，结果如下：

```
Lower String is: hello
Uper String is: WORLD
```

8.4.6 strstr()函数

库函数 char *strstr(const char *source, const char *des) 用于在字符串 source 中查找第一次出现

字符串 dec 的位置，但不包含终止符 '\0'。

下面通过例【8-19】进行说明。

例【8-19】字符串子串匹配函数。代码如下：

```
#include <stdio.h>
#include <string.h>

int main()
{
    char str1[50] = "Hello World!";
    char str2[50] = "World";
    char *str;

    str = strstr(str1,str2); //获取str2所在位置指针
    printf("子串后面是: %s\n", str);
    printf("子串在源字符串的起始位置是: %d\n", str-str1);

    return 0;
}
```

编译运行后，得到的结果如下：

```
子串后面是: World!
子串在源字符串的起始位置是: 6
```

在这个运行结果中，短的字符串"World"包含在长的字符串"Hello World!"中，从第 6 个字母"W"开始，由于每个字符占 1 个字节，所以 str-str1 结果为 6。

8.4.7　综合应用

下面通过例【8-20】深入介绍字符串和指针的应用。

例【8-20】输入一行字符串，统计其中有多少个单词，单词之间用逗号分开。

这个程序的关键是：通过一个 **flag** 标识，判断单词。**flag** 为 **0** 表示下一个字符为空格，如果下一个字符不是空格，则将 flag 置为 1。当 **flag** 为 1 且当前字符不为空格时，才认为是同一个单词，这样就实现了将连续多个字符识别为一个单词的功能。程序代码如下：

```
#include<stdio.h>
int main()
 {
    //定义一个string字符数组来接收输入的字符串
    //定义一个c字符用来比较当前字符是否是空格
    char string[100], c;
    //count用来统计单词个数
    //使用flag来标识出现新的单词
    //出现新单词的标准是前面一个字符为空格，且标识flag为0
    int i, count = 0, flag = 0;

    gets(string); //输入一个字符串给字符数组string
    for(i = 0; (c = string[i]) != '\0'; i++)
    {
        if (c == ' ') //如果是空格字符，则使单词标识flag置为0
        {
```

```
            flag = 0;
        }
        else if (flag == 0)
        //如果不是空格字符，且flag原来的值为0，即该字符前面是空格，则使flag置为1
        {
            flag = 1;
            count++;
        }
    }
    printf("count=%d\n", count);

    return 0;
}
```

编译运行，结果如下：

```
It is a book
count=4
```

下面对这个程序的运行过程进行分析。程序先将出现单词的标志 flag 置为 0，当输入"It is a book"字符串后，读入第一个字符 'I'，由于 flag 为 0，且该字符不为空格，因此将 flag 置为 1，count 加 1。接下来读入第二个字符 't'，由于该字符不为空格，且 flag 为 1，因此程序不做任何处理。读入第三个字符，是一个空格，将 flag 置为 0。读入第四个字符 'i'，由于该字符不为空格，且 flag 为 0，因此将 flag 置为 1，count 加 1。读入第五个字符 's'，由于该字符不为空格，且 flag 为 1，因此程序不做任何处理，后续过程以此类推。下面通过例【8-21】继续说明。

例【8-21】输入 3 个字符串，输出其中最大者。

这个程序比较简单，就是将字符串两两比较，将最大者存入 string 数组，然后将 string 数组输出。代码如下：

```
#include<stdio.h>
#include<string.h>
int main()
{
    char str[3][20];
    char string[20];
    int i;

    for (i = 0; i < 3; i++) {
        gets(str[i]);
    }
    if (strcmp(str[0], str[1]) > 0)
        strcpy(string, str[0]);
    else
        strcpy(string, str[1]);

    if (strcmp(str[2], string) > 0)
        strcpy(string, str[2]);

    printf("The largest is :%s\n", string);

    return 0;
}
```

编译运行，结果如下：

```
a1
c3
b2
The largest is :c3
```

8.5　字符串指针

在 C 语言中，没有专门的字符串变量，即没有 string 类型的变量，通常就用一个字符数组来存放一个字符串。在本书的 2.4 节中已经介绍了利用 puts() 函数和 gets() 函数输出和输入字符串，以及利用 getchar() 函数和 putchar() 函数输入和输出字符。

只有在定义字符数组时才能将整个字符串一次性地赋值给它，一旦定义完成，就只能通过数组一个字符一个字符地赋值，请看下面的例子：

```
char str[8] = "Hello";
str = "Hello"; //错误
str[0] = 'H'; str[1] = 'e'; str[2] = 'l'; //正确
```

下面来看一个通过 printf() 函数输出字符串的例子，如例【8-22】所示。

例【8-22】通过 printf() 函数输出字符串。代码如下：

```
#include <stdio.h>

int main()
{
    char string[] = "Hello!";

    printf("%s\n",string); //用%s输出整个字符串
    printf("%c\n",string[5]); //用%c输出字符数组的一个元素

    return 0;
}
```

编译运行，结果如下：

```
Hello!
!
```

在 C 语言中，字符串总是以 '\0' 作为结尾，所以 '\0' 也被称为字符串结束标志，或者字符串结束符。'\0' 是 ASCII 表中的第 0 个字符，英文为 NUL，中文为"空字符"。该字符既不能显示，又没有控制功能，输出该字符不会有任何效果，该字符在 C 语言中唯一的作用就是作为字符串结束标志。

C 语言在处理字符串时，会从前往后逐个扫描字符，一旦遇到 '\0' 就认为到达字符串的末尾，就会结束处理。'\0' 至关重要，没有 '\0' 意味着永远也到达不了字符串的末尾。双引号包围的字符串会自动在末尾添加 '\0'。例如，"Hello！"从表面看起来只包含 6 个字符，但其实 C 语言会在最后隐式地添加一个 '\0'。

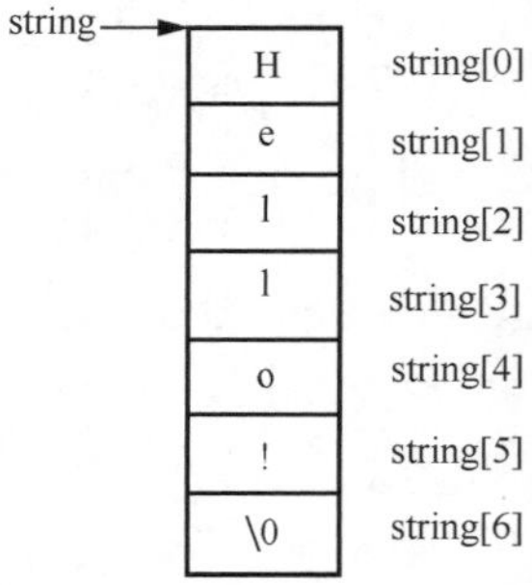

图 8-5 所示为"Hello！"在内存中的存储情形。在例【8-22】中，

string →		
	H	string[0]
	e	string[1]
	l	string[2]
	l	string[3]
	o	string[4]
	!	string[5]
	\0	string[6]

图 8-5　"Hello！"的存储

声明字符数组 string 时并未指定该数组的长度，但赋予了数组初始值，因此长度是固定的，长度为 7，其中，前 6 个分别存储字符串“Hello！”的每个字符，而最后一个存储 '\0'。

可以通过字符指针变量指向字符串，然后进行输出，通过下面的代码可以达到同样的效果：

```
char *string = "Hello!";
printf("%s\n",string); //用%s输出整个字符串
```

例【8-23】将一个字符串的内容复制到另外一个字符数组中。

将源字符串从第 0 个字符开始，一直到 '\0' 结束，一个字符一个字符地赋值给目标字符串，最后在目标字符串后面加上 '\0' 结束。代码如下：

```
#include <stdio.h>

int main()
{
    char str_a[ ] = "Hello!",str_b[20];
    int i;

    for(i = 0;*( str_a+i)!='\0';i++)
        *( str_b+i) = *( str_a+i); //将 str_a[i]的值赋给str_b[i]
    *( str_b+i) = '\0'; //在 str_b数组的有效字符之后加"\n"
    printf("string a is:%s\n",str_a); //输出 str_a数组中的全部字符
    printf("string b is:");
    for(i=0;str_b[i]!='\0';i++)
        printf("%c",str_b[i]); //逐个输出 str_b数组中的全部字符
    printf("\n");

    return 0;
}
```

8.6　函数指针

函数指针本身是指针变量，该指针变量指向函数。正如用指针变量指向整型、字符型、数组数据一样，这里是指向函数的入口地址。C 语言程序在编译时，每一个函数在内存中都有一个入口地址，该入口地址就是函数指针所指向的地址。有了指向函数的指针变量后，可用该指针变量调用函数，就如同用指针变量调用其他类型的变量一样，例如：

```
void (*pfun)(int data); //定义一个函数指针
void myfun(int data); //声明函数
pfun = myfun; //将myfun()函数的首地址赋给指针变量pfun
(*pfun)(100); //通过函数指针调用函数
```

上面的例子先定义了一个函数指针，这个函数指针的返回值为 void 型，然后声明该函数；再给函数指针变量 pfun 赋值 myfun，也就是 myfun() 函数的首地址，myfun() 函数名就是 myfun() 函数的首地址，此时指针变量 pfun 获得了 myfun() 函数的调用入口地址，最后调用 (*pfun)(100)；也就相当于调用了 myfun() 函数。

下面通过例【8-24】进行说明。

例【8-24】通过函数指针调用函数。代码如下：

```
#include <stdio.h>

int Max(int x, int y) //函数声明和定义
{
    int z;
    if (x > y)
        z = x;
    else
        z = y;

    return z;
}

int main(void)
{
    int(*p)(int, int); //定义一个函数指针
    int a = 1, b = 2, c;

    p = Max; //把函数Max()的首地址赋给指针变量p，使p指向Max()函数
    c = (*p)(a, b); //通过函数指针调用Max()函数
    printf("The max is %d\n", c);

    return 0;
}
```

编译运行，结果如下：

```
The max is 2
```

8.7　主程序参数传入

在之前编写的 C 语言程序中，main() 函数是没有参数的，但是在实际开发中，main() 函数一般都需要参数，没有参数的情况极少。main() 函数的参数是在命令提示符下运行程序的时候传入的，不同于 scanf()、getchar() 等函数在程序运行后才传入参数。

C 语言主程序中以 main(int argc,char *argv[ ]) 开头，下面对和参数相关的两个变量进行解释。

- argc 为整数。
- argv 为指针的指针（可理解为：char **argv、char *argv[] 或 char argv[][]，argv 是一个指针数组）。

下面通过一个例子来介绍这两个参数的用法。

运行 prog 程序时（假设该程序名为 prog），由操作系统传来的参数为 argc=1，表示只有一个程序名。argc 只有一个元素，argv[0] 指向输入的程序路径及名称。

当运行该程序，并输入参数时，即 prog para_1，有一个参数，由操作系统传来的参数为argc=2，表示除了程序名外还有一个参数。argv[0] 指向输入的程序路径及名称，argv[1] 指向参数para_1 字符串。

Qt Creator 中如果在调试时需要为主函数 main() 传入参数，则单击界面的【项目】按钮，然后单击【Run】按钮，将参数输入【Commnad line arguments】下拉列表框，如图 8-6 所示，如有多个参数则用空格分开。

图 8-6 传入参数

下面通过例【8-25】对参数的传入进行说明。

例【8-25】主程序参数的传入。

具体代码如下：

```c
#include <stdio.h>

int main(int argc,char *argv[])
{
    printf("%s\n",argv[0]); //读取可执行程序（包括路径）

    int i = 1;
    while(i < argc)
    {
        printf("%s\n",argv[i]);
        i++;
    }
    //用""扩起来的表示其是一个字符串，代表一个参数

    return 0;
}
```

编译运行，结果如下。

```
C:\Users\Administrator\Documents\build-untitled-Desktop_x86_windows_msys_pe_64bit-
Debug\debug\untitled.exe
para_1
```

可看出，输出的第一个参数为编译后程序的路径和名称，第二个参数为图 8-6 中输入的参数。

8.8 习题

（1）用指针实现 3 个整数的输入，并按从小到大的顺序输出这 3 个整数。

（2）用指针实现 3 个字符串的输入，并按从小到大的顺序输出这 3 个字符串。

（3）用指针对包含 10 个整数的数组进行冒泡法排序。

（4）设定一字符串有 n（$n>0$）个字符，从第 m（$n>m$）个字符开始，将其后的字符串复制到另外一个字符串。

（5）编写一个程序，不用 strcat() 函数，将两个字符串连接起来。

（6）编写一个程序，不用 strcpy() 函数，将字符串 1 复制到字符串 2 中。

第9章

结构体和枚举

C 语言提供了 int、float、char 等基本数据类型，但 C 语言提供的基本数据类型无法高效地解决所有问题。因此，C 语言允许用户根据自己的需要，在基本数据类型的基础上自定义数据类型，然后再用自定义的数据类型来声明变量。结构体和枚举数据类型就是两种自定义的数据类型。本章主要内容包括结构体类型和枚举类型的概念和应用。

【目标任务】

学会创建结构体类型和枚举类型，并使用创建的类型声明变量，根据需要应用到代码中解决相应问题。

【知识点】

- 结构体类型的创建及结构体变量的使用。
- 结构体数组和结构体指针。
- 链表的构成原理。
- 动态链表的创建和遍历，节点的查找、删除、插入。
- 枚举类型的创建与枚举变量的使用。

9.1 结构体

数组是具有相同类型数据的集合，但在实际生活中经常需要把不同类型的数据集合在一起，例如要制作学生信息登记表，学号是整型，姓名是字符串，年龄是整型，成绩是浮点型，这些数据都与学生有一定的关联，但因为数据类型不同，不能用数组来存放，所以可以用结构体类型来解决这个问题。

9.1.1 创建结构体类型

一个结构体类型的一般形式为：

```
struct 结构体名{
    成员列表};
```

如：

```
struct stu{
    int num; //学号
    char *name; //姓名
    int age; //年龄
    float score; //成绩
};
```

stu 为结构体名，它包含 4 个成员，分别为 num、name、age、score。

9.1.2　定义结构体变量

结构体类型与 C 语言中的 int、char、float 一样，只是基本数据类型。为了能够在程序中使用结构体类型的数据，应当定义结构体变量。定义结构体变量的 3 种方法分别如下。

1. 先声明结构体类型，再定义结构体变量

```
struct stu{
    int num; //学号
    char *name; //姓名
    int age; //年龄
    float score; //成绩
};
struct stu student_1,student_2; //定义结构体变量student_1和student_2
```

2. 声明结构体类型的同时定义结构体变量

这种方法定义的一般形式为：

```
struct 结构体名{
    成员列表}变量名列表;
```

如：

```
struct stu{
    int num; //学号
    char *name; //姓名
    int age; //年龄
    float score; //成绩
}student_1,student_2; //定义结构体变量student_1和student_2
```

3. 不指定结构体名，直接定义结构体变量

这种方法定义的一般形式为：

```
struct{
    成员列表}变量名列表;
```

这种方法没有声明结构体名，所以后面程序无法再定义该结构体的新的变量。

```
struct{
    int num; //学号
    char *name; //姓名
    int age; //年龄
    float score; //成绩
}student_1,student_2; //定义结构体变量student_1和student_2
```

9.1.3　初始化结构体变量与访问成员

在定义结构体变量时，可以对它进行初始化。初始化列表是用花括号括起来的一些常量，这些常量将会依次赋给结构体中的成员，下面通过例【9-1】进行说明。

例【9-1】初始化结构体变量并输出结果。代码如下：

```c
#include<stdio.h>

struct stu{
    int num; //学号
    char *name; //姓名
    int age; //年龄
    float score; //成绩
} student = {54,"张三",18,93.2};

int main()
{
    printf("num:%d\nname:%s\nage:%d\nscore:%f\n",
            student.num,student.name,student.age,student.score);

    return 0;
}
```

编译运行，结果如下：

```
num:54
name:张三
age:18
score:93.199997
```

输入结果中可看出，score 是浮点数类型，显示的是近似值，无法精确表示原值，但可用 %4.1f 显示原值，其中 4 是指输出总共 4 位（即 4 个字符），包括数字、小数点和空格，各占一个字符；而 1 是指小数点后保留一位。

可以单独对结构体中的某一成员进行初始化，其他未被指定初始化的成员，将会被系统初始化。数值型成员被初始化为 0，字符型成员被初始化为 '\0'，指针型成员被初始化为 NULL（即指向空）。

例【9-2】初始化结构体部分成员。代码如下：

```c
#include<stdio.h>

struct stu{
    int num; //学号
    char *name; //姓名
    int age; //年龄
    float score; //成绩
} student = {.age = 1}; //只对age初始化

int main()
{
    printf("num:%d\nname:%s\nage:%d\nscore:%f\n",
            student.num,student.name,student.age,student.score);

    return 0;
}
```

编译运行，结果如下：

```
num:0
name:(null)
age:1
score:0.000000
```

其中的"."为结构体成员访问运算符，在例【9-1】与例【9-2】中输出结果的时候，进行了结构体的成员访问，成员访问的形式为：

```
结构体变量名.成员名
```

通过这种方式，可以给结构体成员赋值，也可以获取结构体成员的值。

例【9-3】给结构体成员赋值和获取结构体成员的值。代码如下：

```c
#include <stdio.h>

int main()
{
    struct{
        int num; //学号
        char *name; //姓名
        int age; //年龄
        float score; //成绩
    } student;

    //给结构体成员赋值
    student.num = 52;
    student.name = "李四";
    student.age = 18;
    student.score = 98.5;
    //输出结构体成员的值
    printf("学号:%d\n姓名:%s\n年龄:%d\n成绩:%4.1f\n",
            student.num,student.name,student.age,student.score);

    return 0;
}
```

编译后，运行结果如下：

```
学号：52
姓名：李四
年龄：18
成绩：98.5
```

9.2 结构体数组

结构体数组，指数组中每个元素都是一个结构体类型的数据，他们分别包含各自的成员。结构体数组常用在有相同数据的群体中，如学生，可定义学号、姓名、年龄、成绩等。

定义结构体数组有以下两种方法。

1.声明结构体类型的同时定义结构体数组

```
struct 结构体名{
    成员列表
}数组名[数组长度];
```

如：

```
struct per{
    int num;
    char *name;
}person[3];
```

上面定义了一个结构体 per，然后定义了一个结构体数组 person[3]。

2. 先声明结构体类型，再定义结构体数组

```
    struct per{
        int num;
        char *name;
    };
struct per person[3]; //person为结构体数组名
```

定义结构体数组后，进一步对结构体数组进行初始化。下面通过例【9-4】进行说明。

例【9-4】初始化结构体数组并输出结构体数组中的值。代码如下：

```
#include<stdio.h>

struct per{
    int num;
    char *name;
}person[3]={{1,"张三"},{2,"李四"},{3,"王五"}};

int main()
{
    int i;

    for(i=0;i<=2;i++)
    printf("编号:%d 名字:%s\n", person[i].num,person[i].name);

    return 0;
}
```

编译运行，结果如下：

```
编号：1 名字：张三
编号：2 名字：李四
编号：3 名字：王五
```

9.3 结构体指针

将一个结构体变量的起始地址存放在一个指针变量中，这个指针变量指向该结构体变量。指向结构体变量的指针变量的类型必须与结构体变量的类型相同，结构体指针的定义形式为：

```
struct 结构体名 *变量名
```

下面通过例【9-5】进一步介绍结构体指针变量。

例【9-5】通过结构体指针变量访问成员。代码如下：

```c
#include <string.h>
#include <stdio.h>

struct book
{
    char title[20];
    long id;
    int price;
};

int main( )
{
    struct book book_1;
    struct book *pt;

    pt = &book_1;
    //对book_1进行初始化
    strcpy( book_1.title,"C Programming");
    book_1.id = 1;
    book_1.price = 32;
    //通过结构体变量访问成员
    printf("书名:%s 编号:%ld 价格:%d\n",book_1.title,book_1.id,book_1.price);
    //通过结构体指针变量访问成员
    printf("书名:%s 编号:%ld 价格:%d\n",(*pt).title,(*pt).id,(*pt).price);
    printf("书名:%s 编号:%ld 价格:%d\n",pt->title,pt->id,pt->price);

    return 0;
}
```

编译运行，结果如下：

```
书名: C Programming 编号: 1 价格:32
书名: C Programming 编号: 1 价格:32
书名: C Programming 编号: 1 价格:32
```

可以看到，当结构体指针变量 pt 指向结构体变量 book_1 时，有以下 3 种方法访问 book_1 中的成员值。

- book_1. 成员名，如 book_1.title。
- (*pt). 成员名，如 (*pt).title。
- pt-> 成员名，如 pt->title。

在第二种方法中，"."的优先级高于"*"，(*pt) 两侧的括号不能省，若去掉括号，写成 *pt.title，则系统会认为是 *(pt.title)，意义就不对了。

在第三种方法中，"->"为指向运算符。book_1.title、(*pt).title 和 pt->title 这三者是等价的。

下面继续介绍指向结构体的指针。

例【9-6】指向结构体的指针。代码如下：

```c
#include <stdio.h>
#define STU_NUM 2
```

```
struct stu{
    char *name; //姓名
    int num; //学号
    int age; //年龄
    float score; //成绩
}student[STU_NUM] = {
    {"张三", 1, 18, 97},
    {"李四", 2, 19, 96},
}, *pt;

int main()
{
    printf("Name\tNum\tAge\tScore\t\n");
    for(pt=student; pt<=student+(STU_NUM-1); pt++)
    {
        printf("%s\t%d\t%d\t%.1f\n",
                pt->name, pt->num, pt->age, pt->score);
    }

    return 0;
}
```

编译运行，结果如下：

```
Name    Num    Age    Score
张三     1      18     97.5
李四     2      19     96
```

可以看到，数组长度为 2，在 for 语句中先让结构体指针变量 pt 指向结构体数组 student 的首地址，即结构体数组 student[0] 的地址。student+(STU_NUM−1) 即 student+1，也就是 student[2] 的地址，因此，for 的判断条件为结构体指针变量 pt 存放的地址是否小于等于 student[2] 的地址。pt++，使得结构体指针变量 pt 自加 1，结构体指针变量 pt 加 1 意味着结构体指针变量 pt 所增加的值为结构体数组 student 的一个元素所占的字节数。

第一次循环 pt 指向 student[0]，条件判断符合，输出 student[0] 的值，执行 pt++ 后，pt 指向 student[1]。第二次循环，条件判断符合，输出 student[1] 的值，执行 pt++ 后，pt 指向 student[2]。第三次循环，pt 中存放的地址已经大于 student[2] 的地址，条件不符合，退出 for 循环。

9.4　链表

假设需要登记每个班级的学生姓名，有的班级总人数为 35，有的班级总人数为 90，则用数组存放数据时，需要将数组的大小设为 90。若班级的人数无法确定，则需要将数组的大小设的足够大，但这样会浪费内存空间。而链表则没有这种缺点，链表可以根据需要开辟内存空间。与数组不同的是：数组在内存中按顺序依次存储（线性），而链表在内存中是非线性存储的。

9.4.1　概念与构成

链表是一种数据结构，一般使用结构体变量作为链表的元素，也叫节点（Node）。因此，链表的基本构成包含指针变量和结构体变量，下面通过创建静态链表来介绍链表的构成。

在 int main() 函数外，先创建结构体类型，代码如下：

```
struct int_node {
    int val;
    struct int_node *next; //next是结构体指针变量，指向下一个结构体变量
};
```

这样创建了 int_node 结构体类型，这个结构体类型与之前的结构类型体不同，这个结构体类型有一个指向结构体变量的成员，这个成员是指针变量，用于存储下一个结构体变量的位置，该成员是创建链表最重要的部分。

在 int main() 函数里，创建头指针变量 head，指针变量 p 和结构体变量 a、b、c 代码如下：

```
struct int_node *head,*p,a,b,c;
```

对结构体变量 a、b、c 的 val 成员分别赋值 1、2、3，代码如下：

```
a.val = 1;
b.val = 2;
c.val = 3;
```

代码运行后，形成的数据初始结构如图 9-1 所示。

将结构体变量 a 的起始地址赋给头指针变量 head，结构体变量 b 的起始地址赋给结构体变量 a 的 next 成员，将结构体变量 c 的起始地址赋给结构体变量 b 的 next 成员，为结构体变量 c 的 next 成员赋值为 NULL，具体代码如下：

```
head = &a;
a.next = &b;
b.next = &c;
c.next = NULL; //指向空
```

到这一步，已经创建好了链表。指针变量 head 指向结构体变量 a 的地址，然后通过 a.next 指向结构体变量 b 的地址，再通过 b.next 指向结构体变量 c 的地址，最后 c.next 指向空。这样就将 3 个结构体变量串连起来，形成了链表其数据结构如图 9-2 所示。

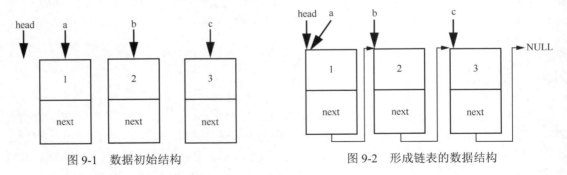

图 9-1　数据初始结构　　　　　　　　图 9-2　形成链表的数据结构

下面进行遍历链表操作，先将指针变量 p 指向链表的首地址，代码如下：

```
p = head;
```

从头到尾，对链表进行访问，依次输出链表中 val 的值，代码如下：

```
do
{
```

```
    printf("%d\n",p->val);
    p = p->next;
}while(p! = NULL);
```

创建静态链表的完整代码如例【9-7】所示。

例【9-7】创建静态链表。代码如下：

```
#include <stdio.h>

struct int_node {
    int val;
    struct int_node *next;
};

int main()
{
    struct int_node *head,*p,a,b,c;
    a.val = 1;
    b.val = 2;
    c.val = 3;

    head = &a;
    a.next = &b;
    b.next = &c;
    c.next = NULL;
    p = head;
    while(p != NULL)
    {
        printf("%d\n",p->val);
        p = p->next;
    }

    return 0;
}
```

编译运行，结果如下：

```
1
2
3
```

例【9-7】创建的是静态链表，其所有节点（也就是结构体变量）都已在程序中定义，而不是根据需要动态定义的。

9.4.2 动态单向链表

动态单向链表是指在程序运行的过程中，从无到有地建立链表，也就是根据需要申请新节点，并将新节点从头到尾链接起来。动态单向链表比较复杂，下面通过例【9-8】说明其创建过程。

1. 创建链表

例【9-8】创建动态单向链表，能够输入学生的学号、成绩。代码如下：

```
#include <stdio.h>
#include <stdlib.h>
#define LEN sizeof(struct stu) //获取字节数
```

```
//构造节点
struct stu
{
    long id; //学号
    float score; //成绩
    struct stu *next;
};

int n; //全局变量n，保存节点总数

//创建链表
struct stu *create(void)
{
    struct stu *head = NULL, *p1, *p2;
    n = 0;
    p1 = p2 = (struct stu*)malloc(LEN); //申请新节点
    scanf("%ld %f",&p1->id,&p1->score); //输入学生的学号和成绩
    while(p1->id != 0) //学号不等于0继续创建
    {
        n = n+1;
        if(n == 1) head = p1; //head指向第一个节点
        else p2->next = p1;
        p2 = p1;
        p1 = (struct stu*)malloc(LEN); //继续申请新节点
        scanf("%ld %f",&p1->id,&p1->score);
    }
    p2->next = NULL; //指向空
    return(head); //返回头节点
}

int main()
{
    struct stu *pt;
    pt = create();
    return 0;
}
```

编译运行，结果如下：

```
1 80
2 90
3 70
4 86
5 78
0 0
```

可以看出，程序的第 3 行定义 LEN 存储 struct stu 类型数据的字节数，sizeof 是"字节数运算符"。下面对 create() 函数进行解析。

先定义指向 struct stu 类型数据的指针变量 head、p1、p2。n 赋值为 0，表示没有节点。

create() 函数中的第 4 行，malloc(LEN) 的作用是开辟一个长度为 LEN 字节的内存空间。malloc() 函数返回的是不指向任何类型数据的指针（void 型），而 p1 和 p2 是指向 struct stu 类型数据的指针变量，因此在 malloc(LEN) 之前添加"(struct stu *)"，对其类型进行强制转换。与 malloc() 函数类似，calloc() 函数也用于分配内存空间，而 realloc() 函数用于改变内存空间。关于 calloc() 函数和 realloc () 函数的用法，将在这部分的后面进行补充。

malloc() 函数开辟第一个节点后，用 p1 和 p2 指向它，如图 9-3 所示。从键盘输入一个学生

的学号、成绩给 p1 所指的节点。如果输入的学号不为 0，则执行 n = n+1，
n 的值为 1。如果判断出 n==1，即判断是第一个节点，则 head = p1，即将
head 指向第一个节点如图 9-3 所示（程序中始终将 head 指向第一个节点）。
执行 p2 = p1，让 p2 也指向第一个节点。用 malloc() 函数开辟第二个节点，
并将 p1 指向它（图 9-4 所示的第一步）。然后从键盘输入一个学生的学号、
成绩给 p1 所指向的新节点。

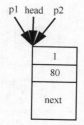

图 9-3　动态链表创建
（只有一个节点）

如果输入的学号不为 0，则执行 n = n+1，n 的值为 2。如果判断出 n
不等于 1，则执行 p2->next = p1（p2 此前指向第一个节点）（图 9-4 所示的
第二步），这样就使得 p2 的下一个节点指向了新的 p1 节点。执行 p2 = p1，
让 p2 指向新的 p1 节点。用 malloc() 函数开辟第三个节点，并用 p1 指向它。然后从键盘输入一
个学生的学号、成绩给 p1 所指的新节点。

若学号为 0，则退出循环，执行 p2->next=NULL（让链表最后的节点指向空），执行 return
语句返回链表的头指针 head。这样 p1 开辟的新节点不会链接到链表中。至此，完成了动态单向
链表的创建。

创建的链表如图 9-3（只有一个节点）和图 9-4 所示（包含 5 个节点）。

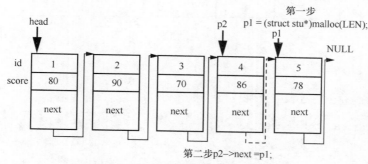

图 9-4　动态单向链表（包含 5 个节点）

与 malloc() 函数不同的是，calloc() 函数进行了初始化，calloc() 函数分配的空间全部初始化
为 0。

```
char* p;
p=(char*)calloc(40,sizeof(char));
```

realloc() 函数用法为 realloc(void *p,unsigned size)，将指针变量 p 指向的已分配的内存空间的
大小改为 size。

```
p=(char*)realloc(p,20);
```

2. 遍历链表

下面在例【9-8】的基础上添加自定义的 print() 函数，完成链表的遍历，具体代码如下：

```
//链表的输出
void print(struct stu *head)
{
    struct stu *p; //声明指针变量p
```

```
    printf("id \t score\n"); //\t 表示跳格，即留8个空格
    p = head;
    while(p != NULL)
    {
        printf("%ld\t%f\n",p->id,p->score);
        p = p->next;
    }
}
```

下面分析 print() 函数的功能。先将链表头指针作为参数，在函数中声明了指针变量 p，将链表的头指针参数赋值给指针变量 p。然后执行 while 循环，若指针变量 p 非为空，则输出指针变量 p 所指向节点的数据。再执行 p = p->next，让指针变量 p 指向链表的下一个节点。若指针变量 p 为空，则表明指针变量 p 已经指向链表的尾部，链表的遍历已完成。链表的遍历如图 9-5 所示。

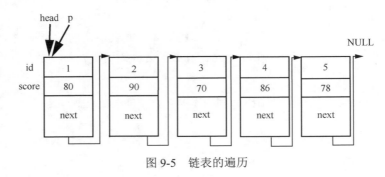

图 9-5　链表的遍历

3. 查找节点

下面的 find() 函数是从链表中查找与 id 值相同的节点，代码如下：

```
struct stu *find(struct stu *head,long a)
{
    struct stu *temp;

    temp = head;

    if(temp == NULL) //如果原来链表是空表
        return NULL;
    else
    {
        //查找id值不等于链表中节点值且没有到达链表末端，则后移
        while (( temp->id != a) && (temp->next != NULL))
            temp = temp->next; //p1后移一个节点
    }

    return temp;
}
```

查找节点比较简单，就是匹配对应的 id 值，如果不相等且没有到达链表末端，则将链表指针不断后移，直到找到相等的值或到达链表末端为止。

4. 删除节点

下面的 del() 函数是从链表中删除与 id 值相同的节点，代码如下：

```
struct stu *del(struct stu *head,long id)
{
```

```
struct stu *p1,*p2;

if(head == NULL) //判断是否为空链表
{
    printf("是空链表");
    return head;
}
p1 = head; //p1指向第一个节点
//p1指向的不是要找的节点，且后面还有节点
while(id != p1->id && p1->next != NULL)
{
    p2 = p1;
    p1 = p1->next; //p1后移节点
}
if(id == p1->id) //找到了对应的节点
{
    if(p1 == head) //如果p1是首节点，把第二个节点给head
        head = p1->next;
    else
        p2->next = p1->next; //下一个节点地址赋给前一个节点
    printf("已删除:%ld\n",id);
    free(p1); //释放p1节点空间
    //n为全局变量，含义为节点数，不在本函数内定义
    n = n-1; //节点数n-1
}
else
    printf("链表中找不到对应节点");

return head;
}
```

在 del() 函数中，包含 head 和 id 两个参数，参数值通过主程序中头节点和待删除学生的学号传递过来。代码先判断该链表是否为空，如果为空，则无法删除并返回主函数。然后执行 while 循环找匹配的节点，先判断查找学号是否与链表当前节点的学生学号相等，或者链表是否到达链表末端，如果查找到匹配学号或者到达链表末端，则停止循环，否则链表指针不断移向下一个节点。此时，p2 指针跟着 p1 指针移动，且在 p1 指针后面。如果找到匹配节点，则判断匹配节点是否恰好是头节点，即判断 p1 是否是首节点，如果是则将第二个节点地址赋值给 head，否则将前一个节点 p1 的下一个节点地址赋值给前一个节点 p2 指向的下一个节点地址，即将 p1 节点从链表中移除，并将 p1 节点空间释放，然后执行 n=n-1，将总节点数减 1。动态删除链表节点过程如图 9-6 所示。

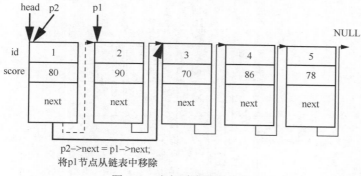

p2->next = p1->next;
将p1节点从链表中移除

图 9-6 动态删除链表节点

5. 插入节点

向链表中插入节点，对应的 insert() 函数代码如下，其中参数 stud 为待插入节点的地址或指针：

```
struct stu *insert(struct stu *head, struct stu *stud)
{
    struct stu *p0, *p1, *p2;
    p1 = head; //p1指向头节点
    p0 = stud; //p0指向要插入的新节点
    if(head == NULL) //如果原来链表是空表
    {
        head = p0; //头节点指向新节点p0,只有1个节点
        p0->next = NULL; //p0指向空
    }
    else
    {
        //新添加节点p0的id值如果大于链表中节点的id值，则后移
        while ((p0->id > p1->id) && (p1->next != NULL))
        {
            p2 = p1; //p2指向p1所指向的节点，跟着p1移动
            p1 = p1->next; //p1后移一个节点
        }
        if(p0->id < p1->id) //p0->id的值比当前的p1->id的值小，插入节点
        {
            if(head == p1)
                head = p0; //在头节点前插入新节点
            else
                p2->next = p0; //p2接入新节点
            p0->next = p1; //新节点接向p1,原来p2的下一个节点
        }
        else //新节点p0的id值大于链表中任一个节点的id值,在链表最后插入节点
        {
            p1->next = p0;
            p0->next = NULL;
        }
    }
    //n为节点数，全局变量
    n = n+1; //节点数加1
    return head;
}
```

下面通过重新插入 id=2，score=88 的节点来描述节点的插入过程。插入节点与删除节点的代码前面略相同。先判断链表是否是空表，如果非空，则通过 while 循环找到插入节点的位置 p1。在找到插入位置 p1 后，判断 head 是否等于 p1，如果是则把 p0 赋值给 p1，即将 p0 作为新的头节点，否则将 p0 赋值给 p2 的下一个节点，即将 p2 的下一个节点指向 p0，如图 9-7 中的第一步

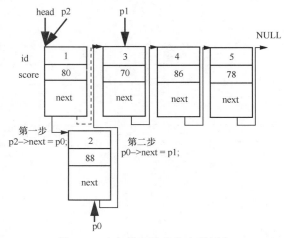

图 9-7　动态单向链表节点的插入

所示。然后将 p0 的下一个节点指向 p1，即将新节点 p0 指向原来的 p1，完成节点的插入，如图 9-7 中的第二步所示。如果新节点 p0 的 id 值大于链表中任一个节点的 id 值，则在链表最后插入节点，先将 p1 的下一个节点指向 p0，再将 p0 的下一个节点指向空。

调用 del() 函数和 insert() 函数的主函数代码如下：

```c
int main()
{
    struct stu *head,*temp;
    head = create(); //创建
    print(head); //遍历

    printf("删除链表id为2的节点\n");
    head = del(head,2);
    print(head); //遍历

    printf("重新输入新节点学号2和成绩88\n");
    //重新开辟一个新节点
    temp = (struct stu*)malloc(LEN);
    scanf("%ld %f",&temp->id,&temp->score);
    head = insert(head,temp);
    print(head); //遍历

    return 0;
}
```

本小节的主要目的是介绍动态单向链表的操作，删除和插入节点部分均用到了查找功能，因此可进一步优化代码。

至此，动态单向链表的介绍就结束了，这部分内容比较难理解，读者需要多动手实践。

9.4.3　单向循环链表

如果把单向链表的最后一个节点的指针指向单向链表头部，而不是指向 NULL，那么就构成了一个单向循环链表。通俗地讲，就是把尾节点的下一跳指向头节点。在单向链表中，头指针是相当重要的，因为单向链表的操作都需要头指针，所以如果头指针丢失或者被破坏，那么整个链表都会遗失，并且浪费链表的内存空间。因此引入了单向循环链表，单向链表和单向循环链表结构，如图 9-8 所示。

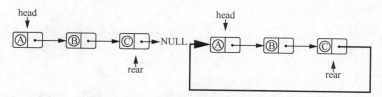

图 9-8　单向链表和单向循环链表结构

下面通过例【9-9】进行说明，这个例子较难，读者了解即可。

例【9-9】有 20 个人围成一圈，从第一个人开始按顺序报数，第一个人报 1，第二个人报 2，第三个人报 3，凡是报到 3 者退出圈子。然后第四个人重新报 1，第五个人报 2……请依次输出退出圈子的人的序号（此问题又叫约瑟夫环问题）。

原题等价于"20 个人围成一圈，第一个人报 1，第二个人报 2，第三个人报 3 并退出圈子，第四个人报 4，以此类推，第 20 个人报 20。然后又回到第一个人报 21，并退出圈子……凡是报到 3 的倍数者退出圈子，请依次输出退出圈子者的序号"。

构建单向循环链表，20 个节点分别包含 20 个人各自的序号。i 表示当前人报的数，i 循环增加，当 i 为 3 的倍数时，则输出当前人的序号，并将该节点从链表中去掉。当输出达到 20 个序号后，退出 for 的循环。

程序代码如下：

```c
#include<stdio.h>
#include<stdlib.h>

//构造节点
struct Ren
{
    int num;
    struct Ren*next;
};

//全局变量n，保存节点总数
int n;

//创建链表
struct Ren *create()
{
    struct Ren*head,*p1,*p2;
    int i;

    p1 = p2 = (struct Ren*)malloc(sizeof(struct Ren)); //申请新节点
    for(i = 1;i <= 20;i++) //for循环搭建链表
    {
        p1->num = i; //给节点的num赋值
        n = n+1;
        if(n == 1)
            head = p1; //head指向第一个节点
        else
            p2->next = p1;
        p2 = p1;
        p1 = (struct Ren*)malloc(sizeof(struct Ren)); //继续申请新节点
    }
    //这里不再让链表尾指向NULL，而是指向头节点，形成环形链表
    p2->next = head;
    return (head);
}

//用out_print()函数来实现报号3人
void out_print(struct Ren*head)
{
    /*m为退出圈的人数，i为正在报的数值，每次报到3者退出圈，正好符合报到3的倍数者退出圈*/
    int i,m = 0;
    struct Ren*p1,*p2;
    p1 = p2 = head; //让指针变量p1,p2都指向头节点
//i从1开始循环
    for(i = 1;;i++)
    { //如果i的值为3的倍数
        if(i%3 == 0)
        {
```

```
            printf("%d ",p1->num); //输出当前人的序号
            m += 1;//退出圈的人数加1
            if(m == 20) //如果满足输出了20个人的序号则break退出for循环
            break;
            //在链表中删去当前报数者的节点
            p1 = p1->next;
            p2->next = p1;
        }
        else //i的值不为3的倍数
        {
            //指针变量p1指向下一个节点
            p2 = p1;
            p1 = p1->next;
        }
    }
}

int main()
{
    struct Ren*head;

    head=create(); //创建链表
    out_print(head); //输出退出圈的先后序号

    return 0;
}
```

编译运行，结果如下：

```
3 6 9 12 15 18 1 5 10 14 19 4 11 17 7 16 8 2 13 20
```

9.5　枚举

　　一个变量如果只有几种可能的取值，则可以将这个变量定义为枚举类型。枚举类型的变量的所有可能的值已经一一列举出来，且变量的值只限于列举出来的值。

9.5.1　创建枚举类型

　　声明枚举类型的一般形式为：

```
enum 枚举名 {枚举元素列表};
```

　　例如：

```
enum day {mon,tue,wed,thu,fri,sat,sun};
```

　　在编程中，有些数据取值是有限的，为了方便，通常会为每个值取个名字，以便在后续代码中使用，下面通过例【9-10】进行说明。

　　例【9-10】一年有十二个月，一年有四季，一个星期有七天。若不用枚举的方式，则需要使用 #definne 来为每个整数定义别名，代码如下：

```
#define mon   1
#define tue   2
#define wed   3
#define thu   4
#define fri   5
#define sat   6
#define sun   7
```

如果使用枚举的方式，则代码会简洁很多：

```
enum day {mon = 1,tue,wed,thu,fri,sat,sun};
```

在 C 语言中，每一个枚举元素都代表一个整数，枚举元素默认从整数 0 开始，后续枚举元素的值在前一个枚举元素的值上加 1。这里指定了枚举元素 mon 的值为 1，后续枚举元素的值依次加 1，则枚举元素 sun 的值为 7。

```
enum season {spring,summer,autumn = 5,winter};
```

在 season 这个枚举类型中指定枚举元素 autumn 的值为 5，则 spring 的值为 0，summer 的值为 1，winter 的值为 6。

9.5.2　枚举变量

定义枚举变量有以下 3 种方法。

1. 先定义枚举类型，再定义枚举变量

```
enum day {mon = 1,tue,wed,thu,fri,sat,sun};
enum day da;
```

2. 定义枚举类型的同时定义枚举变量

```
enum day {mon = 1,tue,wed,thu,fri,sat,sun} da;
```

3. 省略枚举名称，直接定义枚举变量

```
enum {mon = 1,tue,wed,thu,fri,sat,sun} da;
```

下面通过例【9-11】熟悉枚举的具体用法。

例【9-11】枚举在 switch 语句中的使用。

在这里例子中，定义一个颜色的枚举数据类型，然后声明一个 favorite_color 变量，并输入这个变量的值，最后根据这个变量的值输出具体的颜色。代码如下：

```
#include <stdio.h>

int main()
{
    enum color { red = 1,green,blue };
    enum  color favorite_color;

    printf("请输入你喜欢的颜色: (1. red,2. green,3. blue): ");
    scanf("%u",&favorite_color);
```

```
    switch (favorite_color)
    {
        case red:
            printf("你喜欢的颜色是红色");
            break;
        case green:
            printf("你喜欢的颜色是绿色");
            break;
        case blue:
            printf("你喜欢的颜色是蓝色");
            break;
        default:
            printf("你没有选择你喜欢的颜色");
    }

    return 0;
}
```

编译运行，结果如下：

```
请输入你喜欢的颜色：(1. red, 2. green, 3. blue): 1
你喜欢的颜色是红色
```

9.6　习题

（1）分别编写 input() 和 output() 函数，输入、输出 5 个学生的数据记录，可定义学生的结构体，包含学号、性别、年龄等信息。

（2）用动态单向链表创建一个图书管理系统，书的信息包含书的编号、名字、价格、数量，可以进行输出图书管理系统中所有图书的信息、存书、取书、根据书名查书等操作。

（3）合并两个有序链表，使合并后的链表依然有序。

（4）查找单链表的中间节点，要求只能遍历一次链表。可以定义两个指针，第一个指针移动一步时第二个指针移动两步，当快指针移动到结尾时慢指针移动到中间节点。

第**10**章

文件读写

C 语言具备操作文件的能力,可以实现打开文件、关闭文件、创建文件、读取文件、写入文件等功能。本章将详细介绍 C 语言对文件的各种读写操作。

【目标任务】

掌握用 C 语言对文件进行读写操作的方法,并将文本文件和二进制文件的概念区分清楚。

【知识点】

- 打开和关闭文件的原理及方法。
- 文本文件和二进制文件的概念。
- 读写文件函数的原理及用法。
- 随机读写文件的原理及运用。

10.1　打开和关闭文件

在前面的章节中,已经介绍 CPU 在对数据进行操作之前,先将数据从外存读到内存中,然后再进行操作。相对内存而言,外存存取速度慢,但存储容量大,可以长时间地保存大量信息。把信息存在文件中就是外存长时间保存信息的主要方式。

在 C 语言中,操作文件之前先要打开文件,其作用就是将程序和文件连接起来。可以把文件比作一本书,如果想要读写书的某个地方,则要先打开书,然后再进行读写。打开文件所用的函数是 fopen(),fopen() 函数的语法如下:

```
fopen(文件名/文件路径,打开文件的方式);
```

fopen() 函数的返回值包括文件的路径、文件名、文件当前的读写位置等,返回值是一个 FILE 类型的结构体变量。因此,在此之前应该定义一个 FILE 类型指针,然后让该指针指向 fopen() 函数的返回值,便可打开文件,例如:

```
FILE *fp=fopen("w.dat",'r'); //用只读的方式打开w.dat文件, w为文件名, r为文件的打开方式
```

再看一个例子:

```
FILE *fp=fopen("E//w.dat",'r'); //用只读的方式打开E盘下的w.dat文件
```

文件打开方式如表 10-1 所示。

表 10-1 文件打开方式

打开方式	功能	如果文件已存在	如果文件不存在
r	打开一个文本文件，只能读取文件，不能写入文件	正常打开	系统出错
w	打开一个文本文件，只能写入文件，不能读取文件	正常打开，删除原文件，创建新文件	创建新文件，文件从头写入
a	打开一个文本文件，在文件后面追加新内容	正常打开，在原文件上追加新内容	创建新文件，文件从头写入
r+	打开一个文本文件，可以对文件进行读写操作	正常打开	系统出错
w+	打开一个文本文件，可以对文件进行读写操作	正常打开，删除原文件，创建新文件	创建新文件，文件从头写入
a+	打开一个文本文件，可以对文件进行读写操作	正常打开，文件接着原文件内容写入	创建新文件，文件从头写入
rb	打开一个二进制文件，只能读取文件，不能写入文件	正常打开	系统出错
wb	打开一个二进制文件，只能写入文件，不能读取文件	正常打开，删除原文件，创建新文件	创建新文件，文件从头写入
ab	打开一个二进制文件，在文件后面追加新内容	正常打开，在原文件上追加新内容	创建新文件，文件从头写入
rb+	打开一个二进制文件，可以对文件进行读写操作	正常打开	系统出错
wb+	打开一个二进制文件，可以对文件进行读写操作	正常打开，删除原文件，创建新文件	创建新文件，文件从头写入
ab+	打开一个二进制文件，可以对文件进行读写操作	正常打开，在原文件上追加新内容	创建新文件，文件从头写入

下面通过例【10-1】来进行说明。

例【10-1】创建一个文件并判断是否创建成功，然后打开该文件，再关闭该文件。代码如下：

```c
#include <stdio.h>
#include<stdlib.h>

int main()
{
    FILE *fp=NULL;
    char filename[25];

    printf("请输入文件名: \n");
    gets(filename); //获取文件名
    if((fp=fopen(filename,"w"))==NULL)
    {
        printf("error: cannot open file!\n");
```

```
        exit(0);
    }
    printf("文件创建成功！ ");
    if((fp=fopen(filename,"r"))==NULL) //以只读方式打开
    {
        printf("error: cannot open file!\n");
        exit(0);
    }
    fclose(fp);

    return 0;
}
```

编译运行，结果如下：

```
请输入文件名:
E:\C_yuyan
文件创建成功!
```

创建完成后，程序会在 E 盘新增一个文件名为 C_yuyan 的文件。

如果当前目录没有文件名为 C_yuyan 的文件，该程序第一次如果以只读的方式打开文件名为 C_yuyan 的文件，则 fopen() 函数的返回值为 NULL，程序会终止运行。如果以只写的方式打开文件，则系统会自动创建一个文件名为 C_yuyan 的文件，如果创建失败则退出程序，否则执行 printf(" 文件创建成功！ ") 语句，再用只读的方式打开该文件，最后关闭该文件。

代码中的 exit(0) 语句起到终止程序的作用，如果文件打开失败，程序就会出错，这时候要终止程序的运行，该语句已在 stdlib.h 头文件中进行了声明和定义。

下面的语句实现了以只读的方式打开文件，具体代码如下：

```
if((fp=fopen(filename,"r"))==NULL) //以只读方式打开文件，判断文件是否存在
{
    printf("error: cannot open file!\n");
    exit(0); //程序终止运行
}
```

fcolse() 函数的作用是关闭文件，文件读写完毕后要将文件关闭，避免造成文件数据丢失。fcolse() 函数的具体用法如下：

```
int fcolse(FILE *fp);
```

fp 为文件指针，具体用法如下：

```
fcolse(fp);
```

10.2　读写文件

打开文件后就可以对其进行读写操作，打开文件实际上是建立一个信息缓冲区，数据实际上并没有直接写入文件，而是被存储在缓冲区（一般是内存中），执行 fcolse() 函数后才将数据送入文件中，然后关闭文件。

C 语言中的文件分为两种：ASCII 文件（文本文件）和二进制文件。可以用任何文字处理程序阅读的简单文本文件、图形文件及文字处理程序等计算机程序都属于二进制文件，这些文件含有特殊的格式及计算机代码。文本文件的数据以字符的形式存放在磁盘中，所以文本文件的内容是可以直接读懂的；而在读二进制文件时会原封不动地读取文件的全部内容，写二进制文件也是将文件缓冲区的内容全部写入，不进行转换。二进制文件不能直接读懂，这是文本文件和二进制文件最直观的区别。

C 语言中用 "\n" 便可实现换行，而 Windows 操作系统需要用 "\r" 和 "\n" 才能实现换行。写入二进制文件时，系统不会将 "\n" 转换成 "\r" 和 "\n" 写入；而写入文本文件时，系统会将 "\n" 转换成 "\r" 和 "\n" 写入。打开文本文件的方式不带 "b"（r、w、a、r+、w+、a+），打开二进制文件的方式是带 "b" 的（rb、wb、ab、rb+、wb+、ab+），"b" 的作用就是在读写文件时进行换行符的转换。二进制文件要用二进制的方式打开和读写，文本文件则要用文本的方式打开和读写，规范使用，避免出现错误。本节将详细介绍文件的各种读写方式。

10.2.1　以字符形式读写文件

以字符形式读写文件时，需要用到 fgetc() 和 fputc() 这两个函数，它们的作用是对文本文件读取和写入一个字符。

fgetc() 函数的语法如下：

```
fgetc(fp) //fp为文件指针
```

fputc() 函数的语法如下：

```
fputc(ch,fp) //ch为写入文件的字符，fp为文件指针
```

fgetc() 和 fputc() 函数的返回值都是 int 型。fgetc() 函数读取到文件末尾或读取失败时会返回 EOF(End of File)，EOF 为负数，EOF 是文件末尾标志，程序读到该标志时结束读取操作。同样，fputc() 函数写入失败时会返回 EOF，结束向文件进行写入操作。

下面通过例【10-2】来进行说明。

例【10-2】创建一个文本文件，从键盘输入一些字符，逐个把它们写入文件中，到输入字符 "#" 为止。代码如下：

```
#include <stdio.h>
#include<stdlib.h>
#define FILESTR "E:\c.dat" //定义文件路径

int main()
{
    FILE *fp;
    char ch;

    //在E盘中创建c.dat文件
    if((fp=fopen(FILESTR,"w"))==NULL)
    {
        printf("error: cannot open file!\n");
```

```
        exit(0);
    }
    printf("输入要保存的字符, 以#结束: \n");
    while((ch=getchar())!='#')
    //程序读到'#', 结束while循环, 所以不会将'#'写入文件中
    {
        putchar(ch);
        fputc(ch,fp);
    }   //每次从键盘读取一个字符写入文件并且显示在屏幕中
    printf("\n");
    printf("创建完成! \n");

    return 0;
}
```

编译运行, 结果如下:

```
输入要保存的字符, 以#结束:
I love c yuyan#
I love c yuyan
创建完成!
```

该程序在 E 盘创建了一个文本文件, 然后为文件写入 "I love c yuyan" 的内容, 写入的过程中将内容输出到屏幕上, 执行到 "#" 时终止写入文件。

打开 c.dat 文件, 文件的内容如图 10-1 所示。

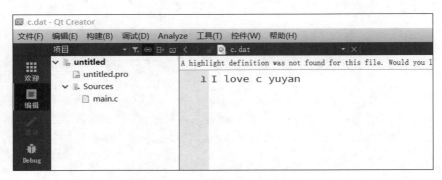

图 10-1　c.dat 文件的内容

下面通过例【10-3】来说明读文件操作。

例【10-3】将上例的 c.dat 文件中的内容读取出来显示在屏幕中, 并且在该文件后面添加 "and computer!" 的内容。代码如下:

```c
#include <stdio.h>
#include <stdlib.h>
#define FILESTR "E:\c.dat" //定义文件路径

int main()
{
    FILE *fp;
    char ch;
    printf("读取c.dat文件中的内容: \n");
    if((fp=fopen(FILESTR,"a+"))==NULL)
    {
```

```
        printf("error: cannot open file!\n");
        exit(0);
    }
    ch=fgetc(fp);
    while(!feof(fp)) //!feof(fp)为可以换成ch!=EOF
    {
        putchar(ch);
        ch=fgetc(fp);
    } //每次读取一个字符, 直到读取完毕
    printf("\n对c.dat文件添加内容, 直到输入#: \n");
    while((ch=getchar())!='#')
    {
        putchar(ch);
        fputc(ch,fp);
    }
    printf("\n添加完成\n");
    fclose(fp);

    return 0;
}
```

编译运行，结果如下：

```
读取c.dat文件中的内容:
I love c yuyan
对c.dat文件添加内容, 直到输入#:
and computer!#
and computer!
添加完成
```

程序中通过“a+”的方式打开上例中创建的文件，读取内容显示在屏幕上，然后在文件后添加内容，添加内容与写文件的操作一样。

feof(fp) 是用来判断 fp 是否指向文件的尾部标志的，即 End of File，当文件读到尾部时，feof(fp) 的返回值为 1，此时结束 while 循环的读操作。

10.2.2　以字符串形式读写文件

以字符形式读写文件时，一次只能读写一个字符，读写的速度较慢。相对而言，用字符串的方式读写文件的速度会比用字符形式快，而且代码也更简单。下面介绍 fgets() 和 fputs() 函数的用法。

fgets() 函数用于从文本文件中读取一个字符串，其语法如下：

```
fgets(str,n,fp); //str为读取文件的字符数组, n为要读取的字符数目, fp为文件指针
```

fgets() 函数读取的字符为 n−1 个，因为读取时会读取 '\0'。读取成功后，fgets() 函数的返回值为 str 数组的首地址；如果读取失败、读取到文件结尾或者换行，返回值为 NULL。

fputs() 函数用于向文本文件写入一个字符串，其语法如下：

```
fputs(str,fp); //str为要写入的字符串, fp为文件指针
```

fputs() 函数执行成功后返回非负数，失败返回 EOF，fputs() 函数写入时不会写入数组的 '\0'。

下面通过例【10-4】进行说明。

例【10-4】从键盘输入一个字符串，将小写字母全部转换成大写字母，输出到文件 E:\c.dat 中保存，然后读取文件 text 中的内容并显示出来。代码如下：

```c
#include<stdio.h>
#include<stdlib.h>
#include<string.h>
#define FILESTR "E:\c.dat" //定义文件路径

int main()
{
    FILE*fp=NULL;
    char str1[10],str2[10];
    int i,len;
    printf("输入一个字符串: \n");
    gets(str1);
    len=strlen(str1);
    for(i=0;i<len;i++)
    {
        if(str1[i]<='z'&&str1[i]>='a')
            str1[i]-=32; //大写转换
    }
    if((fp=fopen(FILESTR,"w"))==NULL)
    {
        printf("error: cannot open file!\n");
        exit(0);
    }
    fputs(str1,fp);
    fclose(fp);

    if((fp=fopen(FILESTR,"r"))==NULL)
    {
        printf("error: cannot open file!\n");
        exit(0);
    }
    fgets(str2,10,fp);
    printf("%s",str2);
    fclose(fp);

    return 0;
}
```

编译运行，结果如下：

```
输入一个字符串:
abcdefg
ABCDEFG
```

下面通过例【10-5】进一步说明。

例【10-5】创建两个磁盘文件 A 和 B，各存放一行字母，要求把这两个文件中的信息合并，并输出到一个新文件 C.txt 中，然后从中读取并显示出来。代码如下：

```c
#include<stdio.h>
#include<stdlib.h>
#include<string.h>
```

```
int main()
{
    FILE *fa,*fb,*fc;
    int i,j;
    char str[10],str1[10],str2[10]={"123"},str3[10]={"456"},str5[10];
    char tem;

    if((fa=fopen("A.txt","w"))==NULL) //创建A.txt文件
    {
        printf("error: cannot open A file!\n");
        exit(0);
    }
    fputs(str2,fa); //将str2写入A.txt文件中
    fclose(fa);
    if((fb=fopen("B.txt","w"))==NULL) //创建B.txt文件
    {
        printf("error: cannot open B file!\n");
        exit(0);
    }
    fputs(str3,fb); //将str3写入B.txt文件中
    fclose(fb);
    if((fa=fopen("A.txt","r"))==NULL)
    {
        printf("error: cannot open A file!\n");
        exit(0);
    }
    fgets(str,99,fa); //读取A.txt文件到str中
    fclose(fa);
    if((fb=fopen("B.txt","r"))==NULL)
    {
        printf("error: cannot open B file!\n");
        exit(0);
    }
    fgets(str1,100,fb); //读取B.txt文件到str1中
    fclose(fb);
    strcat(str,str1); //将str和str1合并到str中

    if((fc=fopen("C.txt","w"))==NULL) //创建C.txt
    {
        printf("error: cannot open C file!\n");
        exit(0);
    }
    fputs(str,fc); //将str写入C.txt文件中
    fclose(fc);

    if((fc=fopen("C.txt","r"))==NULL) //合并为C.txt
    {
        printf("error: cannot open C file!\n");
        exit(0);
    }
    fgets(str5,10,fc); //读取C.txt到str5中
    fclose(fc);
    puts(str5); //输出str5

    return 0;
}
```

编译运行，结果如下：

```
123456
```

10.2.3　格式化读写文件

前面介绍了以字符和字符串形式读写文件，下面介绍用 fscanf() 和 fprintf() 函数实现格式化读写文件，即对文本文件读写按照指定数据类型读取数据。fscanf() 和 fprintf() 函数的用法跟 scanf() 和 printf() 函数的用法差不多，fscanf() 和 fprintf() 函数的读写对象是文本文件，而 scanf() 和 printf() 函数的读写对象是键盘和屏幕，其中 fprintf() 函数的语法如下：

```
fprintf(文件指针,格式控制字符,参数列表);
```

fscanf() 函数的语法如下：

```
fscanf(文件指针,格式控制字符,地址列表);
```

fscanf() 和 fprintf() 函数只是比 scanf() 和 printf() 函数多了个文件指针。下面通过例【10-6】进行说明。

例【10-6】创建一个文本文件，用格式化形式将学生的学号、姓名和成绩等信息写入文件中。

在这个程序中，先创建一个学生的结构体，里面包含学生的学号、姓名和成绩等信息。然后创建一个结构体数组，从键盘输入学生的信息保存在结构体数组中。创建一个文件，将数组的信息写入文件中。具体代码如下：

```c
#include <stdio.h>
#include <stdlib.h>
#define FILESTR "E:\c.dat" //定义文件路径
#define STU_NUM=2; //学生数

struct stu{
    char name[10]; //学生名称
    int num; //学生学号
    float Chinese,math,English;
};

int main()
{
    FILE *fp;
    struct stu stu1[STU_NUM];
    int i;

    printf("请输入学生的信息: \n");
    for(i=0;i<STU_NUM;i++)
    {
        scanf("%d %s %f %f %f",&stu1[i].num,stu1[i].name,&stu1[i].Chinese,
              &stu1[i].math,&stu1[i].English);
        //输入学生的学号、姓名和各科成绩
    }

    if((fp=fopen(FILESTR,"w"))==NULL)
    {
        printf("error: cannot open file!\n");
        exit(0);
    }

    for(i=0;i<STU_NUM;i++)
    {
        fprintf(fp,"%d %s %2.1f %2.1f %2.1f",stu1[i].num,stu1[i].name,
```

```
            stu1[i].Chinese,stu1[i].math,stu1[i].English);
        fprintf(fp,"\n");
    } //将数组stu1中的信息写入文件中
    fclose(fp);

    return 0;
}
```

编译运行后打开文件，文件中的内容如图 10-2
所示。

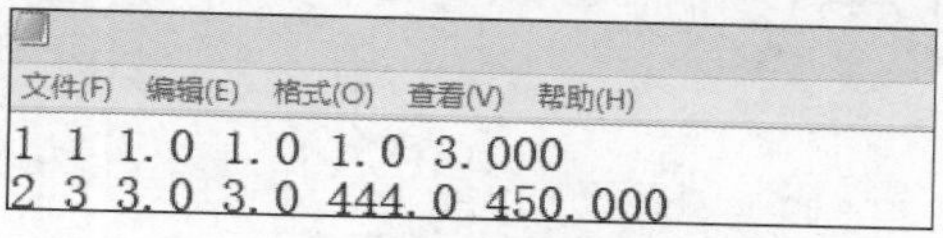

文件(F) 编辑(E) 格式(O) 查看(V) 帮助(H)
1 1 1.0 1.0 1.0 3.000
2 3 3.0 3.0 444.0 450.000

图 10-2　文件写入结果

10.2.4　二进制文件的读写

前面介绍的函数读写方式适用于读写文本文件。以字符形式读写，一次读写一个字符；以字符串形式读写，一次读写一个字符串；以格式化形式读写，一次读写一个数据。可以看出，这些读写形式一次只能读写一个数据。在现实中，一个文件包含多组数据，不可能一个一个读写，因此，接下来介绍以数据块的形式读取二进制文件。

用 fread() 函数读取二进制文件是读数据，直接将数据复制出来，没有转换。读的过程中没有什么限制，操作对象可以是一个字符，也可以是一个字符串，还可以是一串数据，不受换行的影响。fread() 函数的语法如下：

```
fread(ptr, size, count, fp);
```

参数说明如下。

- ptr：存储读取的文件数据的地址。
- size：数据块的字节数。
- count：数据块的个数。
- fp：文件指针。

它对应的写入函数为 fwrite()，fwrite() 函数的语法如下：

```
fwrite(ptr,size,count,fp);
```

参数说明如下。

- ptr：要写入的数据的地址。
- 参数 size、count、fp 的作用跟 fread() 函数的一样。

下面通过例【10-7】进行说明。

例【10-7】创建一个学生成绩二进制文件，然后用数据块的形式读取文件，并显示出来。代码如下：

```
#include <stdio.h>
#include <stdlib.h>
#define FILESTR "E:\c.dat" //定义文件路径
#define STU_NUM 2 //学生数

struct stu{
    char name[10]; //学生名称
```

```
    int num; //学生学号
    float Chinese,math,English;
};

int main()
{
    FILE *fp;
    struct stu stu1[STU_NUM],stu[STU_NUM]={{"Liao",1,97,86,86},{"Tang",2,86,96,86}};
    int i;

    if((fp=fopen(FILESTR,"wb+"))==NULL)
    {
        printf("error: cannot open file!\n");
        exit(0);
    } //用二进制读写形式创建文件

    fwrite(stu, sizeof(struct stu), 5, fp); //将stu中的数据写入文件
    rewind(fp); //将文件指针重置到文件开头
    for(i=0;i<STU_NUM;i++)
    {
        fread(&stu1[i], sizeof(struct stu), 1, fp); //将文件的数据进str1中
    }
    for(i=0;i<STU_NUM;i++)
    {

        printf("%s %d %f %f %f",stu1[i].name,
        stu1[i].num,stu1[i].Chinese,stu1[i].math,stu1[i].English);
        printf("\n");
    }
    fclose(fp);

    return 0;
}
```

编译运行，结果如下。

```
Liao 1 97 86 86
Tang 2 86 96 86 268
```

其中，sizeof(struct stu) 表示获取结构体数据字节的长度，这在第 2 章中已经进行了介绍。

rewind(fp) 语句的作用是使文件指针指向文件的开始地址，因为文件写入完毕后文件指针是指在文件末尾的，只有使文件指针指向文件开头才能执行接下来的读取操作。之前没有用到该语句是因为之前写完文件后就关闭了文件，然后再重新打开，重新打开的文件指针是指向文件开头的。

上述例子读文件和写文件用到了不同的方法，如果将它们互换，如下：

```
fwrite(stu1, sizeof(struct stu), 5, fp);
```

和下面的语句效果一样：

```
for(i=0;i<5;i++)
{
    fwrite(&stu1[i], sizeof(struct stu), 1, fp);
}
```

注意，用数据块形式写的二进制文件不像文本文件一样可以打开查看，二进制文件如果直接用记事本程序打开是乱码。

10.3　随机读写文件

上一节介绍的文件读写方式都是先打开文件，然后从文件的开头开始读写。如果想要读写文件中间或者文件后面的数据，从文件开头开始读写不但浪费内存，而且效率很低。因此，下面运用 rewind() 和 fseek() 函数对文件进行随机读写操作。

rewind() 函数前面已经介绍过，其作用是使文件指针指向文件开头。其语法如下：

```
rewind(fp); //fp为文件指针
```

fseek() 函数的作用是使文件指针指向任意位置，fseek() 函数的语法如下：

```
fseek(文件指针,位移的字节数,起始位置);
```

位移的字节数可以是正数，也可以是负数，正数表示向前移动，负数表示向后移动。

起始位置可以是文件开头位置，可以是文件当前位置，也可以是文件结尾位置。C 语言中对这 3 个位置的命名和代表符号如表 10-2 所示。

表 10-2　文件起始位置的命名和代表符号

起始位置	位置命名	代表符号
文件开头位置	SEEK_SET	0
文件当前位置	SEEK_CUR	1
文件结尾位置	SEEK_END	2

下面举几个例子说明 fseek() 函数的用法，代码如下：

```
fseek(fp,10,0); //将文件指针向前移到离文件开头位置10个字节处
fseek(fp,10,1); //将文件指针向前移到离文件当前位置10个字节处
fseek(fp,-20,1); //将文件指针向后移到离文件当前位置20个字节处
fseek(fp,-50,2); //将文件指针向后移到离文件结尾位置50个字节处
```

注意，fseek() 函数一般用于二进制文件，在文本文件中使用容易出错，因为文本文件需要进行字符转换，在计算字节数时不一定跟预想的一样。

下面通过例【10-8】进行说明。

例【10-8】继续使用例【10-7】创建的文件，导出总成绩排名第三的学生的信息，并显示出来。代码如下：

```
#include <stdio.h>
#include <stdlib.h>
#define FILESTR "E:\c.dat" //定义文件路径
#define STU_NUM 2

struct stu{
```

```
    char name[10]; //学生名称
    int num; //学生学号
    float Chinese,math,English;
};

int main()
{
    FILE *fp;
    struct stu stu_a;
    int i;

    if((fp=fopen(FILESTR,"rb+"))==NULL)
    {
        printf("error: cannot open file!\n");
        exit(0);
    } //用二进制读写形式创建文件

    //将位置指针移动到第二个学生的信息开头处
    fseek(fp,sizeof(struct stu),0);
    fread(&stu_a,sizeof(struct stu),1,fp); //读取一条学生信息
    printf("%s %d %d %d %d",stu_a.name,stu_a.num,
        stu_a.Chinese,stu_a.math,stu_a.English);
    printf("\n");
    fclose(fp);

    return 0;
}
```

编译运行，结果如下：

```
Tang 2 86 96 86 268
```

10.4　综合运用

下面通过两个例子对本章内容进行综合运用。

例【10-9】读入一个文本文件，统计其中大写字母、小写字母、空格、数字、换行、空格及其他字符各有多少，参考代码如下：

```
#include <stdio.h>
#include <stdlib.h>
#define FILESTR "E:\c.dat" //定义文件路径

int main()
{
    FILE *fp; //创建文件指针
    fp = fopen(FILESTR, "r"); //打开文件，按照读的模式

    if (fp == NULL)
    {
        printf("文件打开失败！\n");
        return -1;
    }
    else
    {
```

```
        char ch;
        int countBig = 0; //统计大写字母的个数
        int countSmall = 0; //统计小写字母的个数
        int contNum = 0; //统计数字的个数
        int countEnter = 0; //统计换行的个数
        int countSpace = 0; //统计空格的个数
        int countOther = 0; //统计其他字符的个数

        while ((ch = fgetc(fp)) != EOF) //获取一个字符，没有结束就继续
        {
            if (ch >= 'A'&&ch <= 'Z') //判断是否是大写字母
                countBig++;
            else if (ch >= 'a'&&ch <= 'z') //判断是否是小写字母
                countSmall++;
            else if (ch >= '0'&&ch <= '9') //判断是否是数字
                contNum++;
            else if (ch == '\n') //判断是否是换行
                countEnter++;
            else if (ch == ' ') //判断是否是空格
                countSpace++;
            else //其他字符
                countOther++;
        }

    printf("大写字母:%d，  小写字母:%d，  数字:%d，  换行:%d,
           空格:%d，  其他:%d\n", countBig, countSmall, contNum,
           countEnter, countSpace, countOther);
    }
    fclose(fp);

    return 0;
}
```

编译运行，结果会因文件内容不同而有所不同。

例【10-10】随机生成 10 个整数，并写入文件中。

该程序需要加入头文件 stdlib.h 以调用库函数 rand()。在 C 语言中，rand() 函数可以用来产生随机数。代码如下：

```
#include <stdio.h>
#include <stdlib.h> //调用随机数库函数
#define LOOP 10
#define FILESTR "E:\c.dat" //定义文件路径

int main()
{
    int i_a;
    FILE *fp;

    //在E:盘中创建c.dat文件
    if((fp=fopen(FILESTR,"w")) == NULL)
    {
        printf("error: cannot open file!\n");
        exit(0);
    }
    for(int i = 0;i < LOOP;i++)
    {
        int i_a = rand(); //产生随机数
```

```
        fprintf(fp,"%d ",i_a);
    }
    printf("File wrote Finished.\n");
    fclose(fp);

    return 0;
}
```

编译运行后，可看到该文件随机写入了 10 个整数。

10.5　习题

（1）创建一个文件，每行以 %5d 的形式存放 0 ～ 19 中的任意一个整数，每个数对应的序号为 0 ～ 19，输入某一序号之后，读出相应的数据并显示在屏幕上。

（2）读入一个文本文件，使用其中的字符进行加法或者减法运算，并对其进行简单的加密和解密。

附录

附录一 常用字符与ASCII表

ASCII 值	控制字符	ASCII 值	控制字符	ASCII 值	控制字符	ASCII 值	控制字符
0	NUL	32	（空格）	64	@	96	`
1	SOH	33	!	65	A	97	a
2	STX	34	"	66	B	98	b
3	ETX	35	#	67	C	99	c
4	EOT	36	$	68	D	100	d
5	ENQ	37	%	69	E	101	e
6	ACK	38	&	70	F	102	f
7	BEL	39	,	71	G	103	g
8	BS	40	(	72	H	104	h
9	HT	41	)	73	I	105	i
10	LF	42	*	74	J	106	j
11	VT	43	+	75	K	107	k
12	FF	44	,	76	L	108	l
13	CR	45	-	77	M	109	m
14	SO	46	.	78	N	110	n
15	SI	47	/	79	O	111	o
16	DLE	48	0	80	P	112	p
17	DC1	49	1	81	Q	113	q
18	DC2	50	2	82	R	114	r
19	DC3	51	3	83	S	115	s
20	DC4	52	4	84	T	116	t
21	NAK	53	5	85	U	117	u
22	SYN	54	6	86	V	118	v
23	ETB	55	7	87	W	119	w
24	CAN	56	8	88	X	120	x
25	EM	57	9	89	Y	121	y
26	SUB	58	:	90	Z	122	z
27	ESC	59	;	91	[	123	{
28	FS	60	<	92	\	124		
29	GS	61	=	93	]	125	}
30	RS	62	>	94	⌒	126	~
31	US	63	?	95	—	127	DEL

附录二　C语言运算符优先级

优先级	运算符	名称或含义	使用形式	结合律	说明
1	（）	圆括号	（表达式）	左到右	后缀表达式
			函数名（形参表）		
	[]	数组下标	数组名 [常量表达式]		
	.	结构体成员选择	结构体变量 . 成员名		
	->	成员选择（指针）	指针变量 -> 成员名		
	（类型名称）{ 列表 }	初始化成员			
2	-	取负运算符	- 表达式	右到左	单目运算符
	++	自增运算符	++ 变量名或变量名 ++		单目运算符
	--	自减运算符	-- 变量名或变量名 --		单目运算符
	*	取值运算符	* 指针变量		单目运算符
	&	取地址运算符	& 变量名		单目运算符
	!	逻辑非运算符	! 表达式		单目运算符
	~	二进制位取反运算符	~ 表达式		单目运算符
	sizeof	长度运算符	sizeof（表达式）		返回一个对象或者类型所占字节数
3	（类型）	强制类型转换	（数据类型）表达式	右到左	
4	/	除	表达式 / 表达式	左到右	双目运算符
	*	乘	表达式 * 表达式		双目运算符
	%	取余（取模）	整型表达式 % 整型表达式		双目运算符
5	+	加	表达式 + 表达式	左到右	双目运算符
	-	减	表达式 - 表达式		双目运算符
6	<<	二进制位左移	变量 << 表达式	左到右	双目运算符
	>>	二进制位右移	变量 >> 表达式		双目运算符
7	>	大于	表达式 > 表达式	左到右	双目运算符
	>=	大于等于	表达式 >= 表达式		双目运算符
	<	小于	表达式 < 表达式		双目运算符
	<=	小于等于	表达式 <= 表达式		双目运算符
8	==	等于	表达式 == 表达式	左到右	双目运算符
	!=	不等于	表达式 != 表达式		双目运算符
9	&	二进制按位与运算 AND	表达式 & 表达式	左到右	双目运算符
10	^	二进制按位异或运算 XOR	表达式 ^ 表达式	左到右	双目运算符
11			二进制按位或运算 OR	表达式	表达式	左到右	双目运算符
12	&&	逻辑与 AND 运算	表达式 && 表达式	左到右	双目运算符
13	||	逻辑或 OR 运算	表达式 || 表达式	左到右	双目运算符

优先级	运算符	名称或含义	使用形式	结合律	说明
14	?:	条件运算符	表达式 1? 表达式 2: 表达式 3	右到左	三目运算符
15	=	赋值运算符	变量 = 表达式	右到左	赋值运算符
	/=	除后赋值	变量 /= 表达式		
	*=	乘后赋值	变量 *= 表达式		
	%=	取模后赋值	变量 %= 表达式		
	+=	加后赋值	变量 += 表达式		
	−=	减后赋值	变量 −= 表达式		
	<<=	左移后赋值	变量 <<= 表达式		
	>>=	右移后赋值	变量 >>= 表达式		
	&=	按位与后赋值	变量 &= 表达式		
	^=	按位异或后赋值	变量 ^= 表达式		
	|=	按位或后赋值	变量 |= 表达式		
16	,	逗号运算符	表达式 , 表达式 , …	左到右	

附录三　C语言常用库函数

一、数学函数

调用数学函数时，要求在源文件中包含以下命令行：

#include <math.h>

函数原型说明	功能	返回值	说明
int abs(int x)	求整数 x 的绝对值	计算结果	
double fabs(double x)	求双精度实数 x 的绝对值	计算结果	
double acos(double x)	计算 $\cos^{-1}(x)$ 的值	计算结果	x 在 −1 ～ 1 范围内
double asin(double x)	计算 $\sin^{-1}(x)$ 的值	计算结果	x 在 −1 ～ 1 范围内
double atan(double x)	计算 $\tan^{-1}(x)$ 的值	计算结果	
double atan2(double x)	计算 $\tan^{-1}(x/y)$ 的值	计算结果	
double cos(double x)	计算 $\cos(x)$ 的值	计算结果	x 的单位为弧度
double cosh(double x)	计算双曲余弦 $\cosh(x)$ 的值	计算结果	
double exp(double x)	求 e^x 的值	计算结果	
double fabs(double x)	求双精度实数 x 的绝对值	计算结果	
double floor(double x)	求不大于双精度实数 x 的最大整数		
double fmod(double x,double y)	求 x/y 整除后的双精度余数		
double frexp(double val,int *exp)	把双精度 val 分解成尾数和以 2 为底的指数 n，即 val=x*2^n，n 存放在 exp 所指的变量中	返回位数 x，$0.5 \leqslant x < 1$	

续表

函数原型说明	功能	返回值	说明
double log(double x)	求 ln x	计算结果	x > 0
double log10(double x)	求 log10x	计算结果	x > 0
double modf(double val,double *ip)	把双精度 val 分解成整数部分和小数部分，整数部分存放在 ip 所指的变量中	返回小数部分	
double pow(double x,double y)	计算 x^y 的值	计算结果	
double sin(double x)	计算 sin(x) 的值	计算结果	x 的单位为弧度
double sinh(double x)	计算 x 的双曲正弦函数 sinh(x) 的值	计算结果	
double sqrt(double x)	计算 x 的开方	计算结果	x ≥ 0
double tan(double x)	计算 tan(x)	计算结果	
double tanh(double x)	计算 x 的双曲正切函数 tanh(x) 的值	计算结果	

二、字符函数

调用字符函数时，要求在源文件中包含以下命令行：

#include <ctype.h>

函数原型说明	功能	返回值
int isalnum(int ch)	检查 ch 是否为字母或数字	是，返回 1；否则返回 0
int isalpha(int ch)	检查 ch 是否为字母	是，返回 1；否则返回 0
int iscntrl(int ch)	检查 ch 是否为控制字符	是，返回 1；否则返回 0
int isdigit(int ch)	检查 ch 是否为数字	是，返回 1；否则返回 0
int isgraph(int ch)	检查 ch 是否为 ASCII 值在 ox21 到 ox7e 的可打印字符（即不包含空格字符）	是，返回 1；否则返回 0
int islower(int ch)	检查 ch 是否为小写字母	是，返回 1；否则返回 0
int isprint(int ch)	检查 ch 是否为包含空格符在内的可打印字符	是，返回 1；否则返回 0
int ispunct(int ch)	检查 ch 是否为除了空格、字母、数字之外的可打印字符	是，返回 1；否则返回 0
int isspace(int ch)	检查 ch 是否为空格、制表或换行符	是，返回 1；否则返回 0
int isupper(int ch)	检查 ch 是否为大写字母	是，返回 1；否则返回 0
int isxdigit(int ch)	检查 ch 是否为十六进制数	是，返回 1；否则返回 0
int tolower(int ch)	把 ch 中的字母转换成小写字母	返回对应的小写字母

三、字符串函数

调用字符函数时，要求在源文件中包含以下命令行：

#include <string.h>

函数原型说明	功能	返回值
char *strcat(char *s1,char *s2)	把字符串 s2 接到 s1 后面	s1 所指地址
char *strchr(char *s,int ch)	在 s 所指字符串中，找出第一次出现字符 ch 的位置	返回找到的字符的地址，找不到返回 NULL

续表

int strcmp(char *s1,char *s2)	对 s1 和 s2 所指字符串进行比较	s1<s2, 返回负数；s1= =s2, 返回 0；s1>s2, 返回正数
char *strcpy(char *s1,char *s2)	把 s2 指向的字符串复制到 s1 指向的空间	s1 所指地址
unsigned strlen(char *s)	求字符串 s 的长度	返回字符串中字符（不计最后的 '\0'）个数
char *strstr(char *s1,char *s2)	在 s1 所指字符串中，找出字符串 s2 第一次出现的位置	返回找到的字符串的地址，找不到返回 NULL

四、输入输出函数

调用字符函数时，要求在源文件中包含以下命令行：

#include <stdio.h>

函数原型说明	功能	返回值
void clearer (FILE *fp)	清除与文件指针 fp 有关的所有出错信息	无
int fclose (FILE *fp)	关闭 fp 所指的文件，释放文件缓冲区	出错返回非 0，否则返回 0
int feof (FILE *fp)	检查文件是否结束	若文件结束则返回非 0，否则返回 0
int fgetc (FILE *fp)	从 fp 所指的文件中取得下一个字符	出错返回 EOF，否则返回所读字符
char *fgets (char *buf,int n, FILE *fp)	从 fp 所指的文件中读取一个长度为 n-1 的字符串，将其存入 buf 所指的存储区	返回 buf 所指地址，若文件结束或出错返回 NULL
FILE *fopen (char *filename,char *mode)	以 mode 指定的方式打开名为 filename 的文件	成功，返回文件指针（文件信息区的起始地址），否则返回 NULL
int fprintf (FILE *fp, char *format, args,...)	把 args,... 的值以 format 指定的格式输出到 fp 指定的文件中	实际输出的字符数
int fputc (char ch, FILE *fp)	把 ch 中字符输出到 fp 指定的文件中	成功返回该字符，否则返回 EOF
int fputs (char *str, FILE *fp)	把 str 所指字符串输出到 fp 所指文件中	成功返回非负整数，否则返回 -1（EOF）
int fread (char *pt,unsigned size,unsigned n, FILE *fp)	从 fp 所指文件中读取长度 size 为 n 个数据项存到 pt 所指文件中	读取的数据项个数
int fscanf (FILE *fp, char *format,args,...)	从 fp 所指的文件中按 format 指定的格式把输入数据存入 args,... 所指的内存空间中	已输入的数据个数，遇文件结束或出错返回 0
int fseek (FILE *fp,long offer,int base)	移动 fp 所指文件的位置指针	成功返回当前位置，否则返回非 0
long ftell (FILE *fp)	求出 fp 所指文件当前的读写位置	读写位置，出错返回 -1L
int fwrite (char *pt,unsigned size,unsigned n, FILE *fp)	把 pt 所指的 n*size 个字节输入 fp 所指文件中	输出的数据项个数
int getc (FILE *fp)	从 fp 所指文件中读取一个字符	返回所读字符，若出错或文件结束返回 EOF
int getchar(void)	从标准输入设备读取下一个字符	返回所读字符，若出错或文件结束返回 -1
char *gets(char *s)	从标准设备读取一行字符串放入 s 所指存储区，用 '\0' 替换读入的换行符	返回 s, 出错返回 NULL
int printf (char *format,args,...)	把 args,... 的值以 format 指定的格式输出到标准输出设备	输出字符的个数

函数原型说明	功能	返回值
int putc (int ch, FILE *fp)	同 fputc() 函数	同 fputc() 函数
int putchar(char ch)	把 ch 输出到标准输出设备	返回输出的字符，若出错则返回 EOF
int puts(char *str)	把 str 所指字符串输出到标准设备，将 '\0' 转成回车换行符	返回换行符，若出错，返回 EOF
int rename (char *oldname,char *newname)	把 oldname 所指文件名改为 newname 所指文件名	成功返回 0，出错返回 −1
void rewind (FILE *fp)	将文件位置指针置于文件开头	无
int scanf (char *format,args,...)	从标准输入设备按 format 指定的格式把输入数据存入 args,... 所指的内存空间中	已输入的数据的个数

五、动态分配函数和随机函数

调用字符函数时，要求在源文件中包含以下命令行：

#include <stdlib.h>

函数原型说明	功能	返回值
void *calloc (unsigned n,unsigned size)	分配 n 个数据项的内存空间，每个数据项的大小为 size 个字节	分配的内存空间的起始地址；如不成功，返回 0
void *free (void *p)	释放 p 所指的内存空间	无
void *malloc (unsigned size)	分配 size 个字节的内存空间	分配内存空间的地址；如不成功，返回 0
void *realloc (void *p,unsigned size)	把 p 所指内存空间的大小改为 size 个字节	新分配内存空间的地址；如不成功，返回 0
int rand (void)	产生 0 ～ 32767 的随机整数	返回一个随机整数
void exit (int state)	程序终止执行，返回调用过程，state 为 0 正常终止，非 0 非正常终止	无